我的 STEAM 遊戲書

數學動手讀

MATH Scribble Book

本書裡的各項發現，由本人動手完成：

- -

作者／愛麗絲・詹姆斯（ALICE JAMES）、艾迪・雷諾茹（EDDIE REYNOLDS）、
達倫・斯托巴特（DARREN STOBBART）

繪者／佩卓・邦恩（PETRA BAAN）

設計／艾蜜莉・巴登（EMILY BARDEN）

翻譯／汜坤山

顧問／希拉・愛巴特（SHEILA EBBUTT）、史蒂芬・瓊斯（STEPHEN JONES）

遠流

目錄

解開運算
問題。

78

創造
不斷重複的
圖形。

自己設計
地圖。

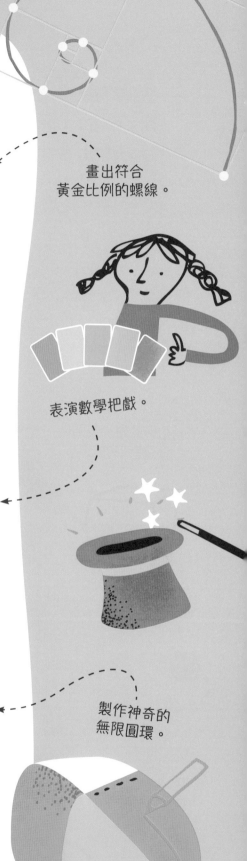

畫出符合
黃金比例的螺線。

表演數學把戲。

製作神奇的
無限圓環。

數學是什麼？

數學是一門研究數字、形狀和圖案的學問。數學無所不在，從金錢、時間、音樂、藝術到運動，我們每天都會用到數學。

這些是需要透過數學來解答的問題：

如何計算時間？

最大的數字是什麼？

有多重、多長、多高、多深？

如何畫一個立體形狀？

可以預測價格如何變動嗎？

哪些音符一起彈奏時聽起來最美妙？

一美元可以換成多少歐元？

地球繞行太陽的軌跡是什麼形狀？

到了 2035 年，世界上會有多少人？

網際網路的速度可以有多快？

數學千變萬化，人類也是！書裡有些活動可能別人覺得困難，你卻覺得簡單，情況也可能相反，這是因為每個人的大腦運作方式都有點不同，所以別太在意。動手讀時如果有需要，可以翻到書的最後參考答案，最重要的是，一定要玩得開心！

這本書裡有什麼？

數學不只是計算，這本書裡有滿滿的點子，讓你可以……

SOLVE

解決　問題

Imagine

想像

調

查

Investigate

畫畫

DRAW

探索 **EXPLORE**

只要出現像這樣有顆燈泡的方塊，就表示動動腦發揮創意的時候到了。

你需要什麼？

想讀好這本書，大多時候只需要這本書本身和一枝筆。有些地方可能會用到紙張、膠水或膠帶，以及剪刀；也可以準備一臺計算機在手邊。

連結

如果想下載書裡的樣板，請前往 ys.ylib.com/activity/STEAM/MATH/。請大人幫忙列印，上網時也別忘了遵守線上安全的規則。

組合五連方

五連方是五個方塊連在一起，組合成不同的形狀。

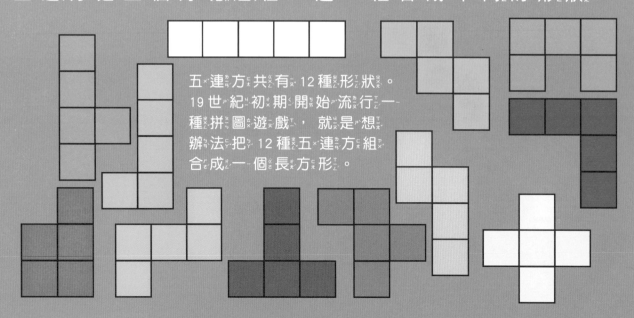

五連方共有 12 種形狀。
19 世紀初期開始流行一
種拼圖遊戲，就是想
辦法把 12 種五連方組
合成一個長方形。

下面是還沒拼完的長方形，可以放入哪些五連方呢？
想想看，並塗上各個形狀的顏色，完成這個拼圖。

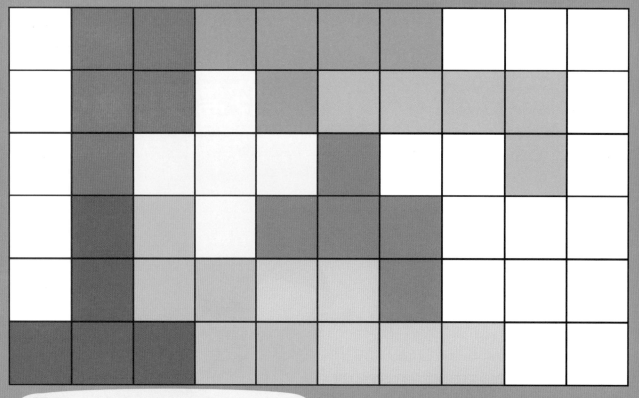

提示：五連方可能需要旋轉或
翻面，才能放進長方形內。

用你自己的方法排排看，把 12 個五連方拼進這個長方形裡。

有 2339 種可能的拼法。

把下面的樣板影印下來，或從 ys.ylib.com/activity/STEAM/MATH/ 下載。找出能把五連方拼成長方形的方法。

試試看怎麼把所有的五連方拼成右邊這種形狀。

提示：有些五連方可能需要旋轉或翻面，甚至又轉又翻，才能把全部的五連方拼進去。

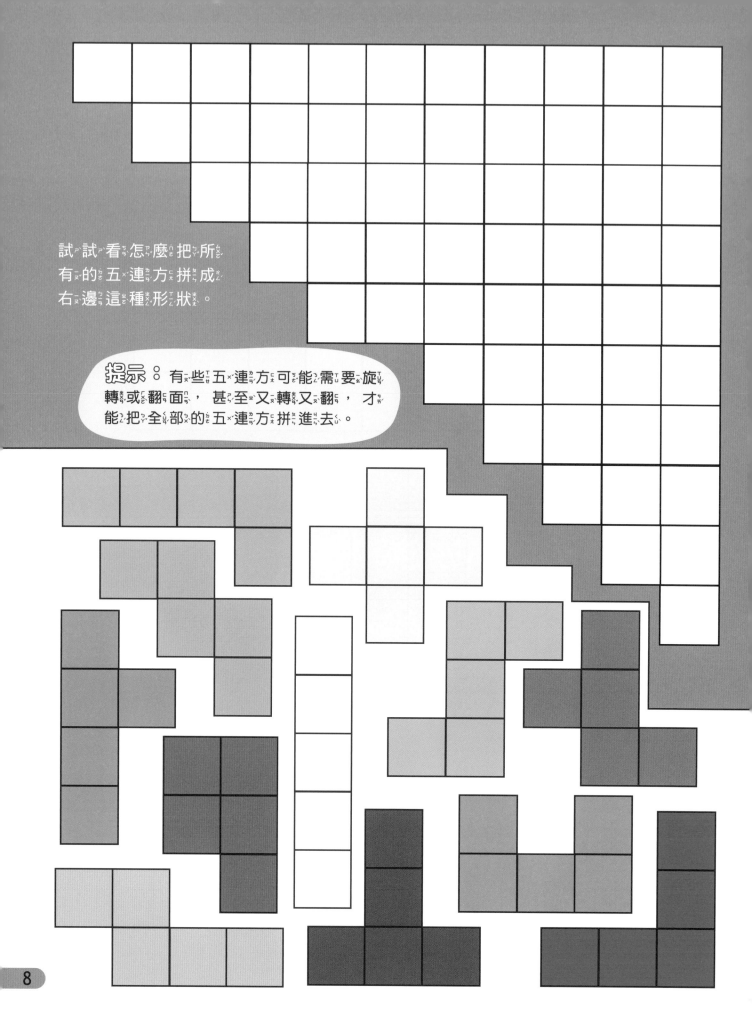

拼湊數字

利用下面紅磚塊上的數字， 以及基本運算 ➕ ➖ ✖ ➗ 組合成算式， 讓算式的答案等於右側星星裡的數字。 計算過程可以寫在空白的地方。 每個數字只能使用一次， 但不一定都會用到。

簡單

2
45
5
20
1

⭐ 101

入門

6
12
5
9
2
4

⭐ 249

挑戰

7
7
4
7
6
3

⭐ 95

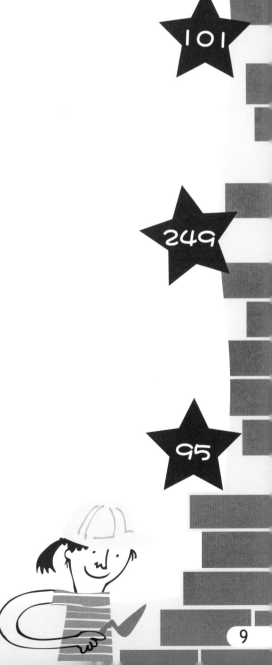

小世界理論

數學家使用網路理論來計算人與人之間的連結方式。 我們可以畫出關係圖， 把每個人與所有他認識的人連起來， 就能了解彼此的關係。

把每個人與他認識的人用線連起來， 完成關係圖。

哈囉

塔瑪拉
認識潔絲和阿瑞娜

潔絲
認識塔瑪拉、莉娜和莎樂美

艾林
認識桑迪亞哥

阿瑞娜
認識塔瑪拉

莉娜
認識妮可、 羅拉、潔絲與桑迪亞哥

阿囉哈

莎樂美
認識潔絲與妮可

妮可
認識羅拉、 莎樂美和莉娜

Ola!

羅拉
認識莉娜、 妮可、莫德與巴托斯

訊息傳遞網

如果塔瑪拉把某個消息告訴她認識的人， 這些人又告訴他們認識的人……誰是最後聽到消息的人？

提示： 在塔瑪拉的旁邊寫上 1 ， 她認識的人則寫 2 ， 這些人認識的人寫 3 ， 依此類推， 最後會剩下一個人。

艾瑪
認識桑迪亞哥

你好！

薛磊
認識昆恩

昆恩
認識芬雅、
薩沙和薛磊

桑迪亞哥
認識艾林、傑克、
艾瑪和莉娜

嗨

傑克
認識莫德和
桑迪亞哥

薩沙
認識昆恩
與芬雅

芬雅
認識昆恩、薩
沙和巴托斯

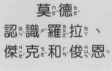

莫德
認識羅拉、
傑克和俊恩

巴托斯
認識芬雅
與羅拉

俊恩
認識莫德
和卡爾

Ciao

卡爾
認識俊恩

傳信路線

有位數學家想寄兩封信給卡爾，他把信分別交給妮可和昆恩，這兩人再把信交給自己認識的人，直到信件送到卡爾手中。若交給妮可最少會經過四人，交給昆恩的話會經過六人。請你把路線畫出來，或寫在右邊的空白裡。

繪製曲線

下ㄒㄧㄚˋ面ㄇㄧㄢˋ的ㄉㄜ˙格ㄍㄜˊ子ㄗ˙裡ㄌㄧˇ有ㄧㄡˇ許ㄒㄩˇ多ㄉㄨㄛ標ㄅㄧㄠ上ㄕㄤˋ數ㄕㄨˋ字ㄗˋ的ㄉㄜ˙綠ㄌㄩˋ點ㄉㄧㄢˇ， 把ㄅㄚˇ數ㄕㄨˋ字ㄗˋ相ㄒㄧㄤ同ㄊㄨㄥˊ的ㄉㄜ˙點ㄉㄧㄢˇ用ㄩㄥˋ直ㄓˊ線ㄒㄧㄢˋ連ㄌㄧㄢˊ起ㄑㄧˇ來ㄌㄞˊ， 完ㄨㄢˊ成ㄔㄥˊ圖ㄊㄨˊ形ㄒㄧㄥˊ。 最ㄗㄨㄟˋ後ㄏㄡˋ會ㄏㄨㄟˋ出ㄔㄨ現ㄒㄧㄢˋ了ㄌㄜ˙什ㄕㄣˊ麼ㄇㄜ˙形ㄒㄧㄥˊ狀ㄓㄨㄤˋ？

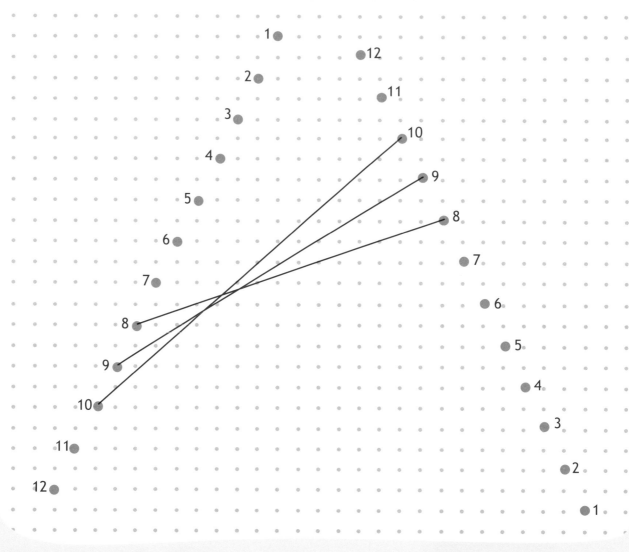

畫ㄏㄨㄚˋ出ㄔㄨ所ㄙㄨㄛˇ有ㄧㄡˇ直ㄓˊ線ㄒㄧㄢˋ後ㄏㄡˋ， 你ㄋㄧˇ會ㄏㄨㄟˋ發ㄈㄚ現ㄒㄧㄢˋ出ㄔㄨ現ㄒㄧㄢˋ了ㄌㄜ˙一ㄧˋ條ㄊㄧㄠˊ曲ㄑㄩ線ㄒㄧㄢˋ， 這ㄓㄜˋ種ㄓㄨㄥˇ曲ㄑㄩ線ㄒㄧㄢˋ叫ㄐㄧㄠˋ做ㄗㄨㄛˋ拋ㄆㄠ物ㄨˋ線ㄒㄧㄢˋ。

當ㄉㄤ你ㄋㄧˇ把ㄅㄚˇ球ㄑㄧㄡˊ投ㄊㄡˊ出ㄔㄨ去ㄑㄩˋ， 球ㄑㄧㄡˊ在ㄗㄞˋ空ㄎㄨㄥ中ㄓㄨㄥ經ㄐㄧㄥ過ㄍㄨㄛˋ的ㄉㄜ˙路ㄌㄨˋ線ㄒㄧㄢˋ， 就ㄐㄧㄡˋ是ㄕˋ一ㄧˋ條ㄊㄧㄠˊ幾ㄐㄧˇ乎ㄏㄨ完ㄨㄢˊ美ㄇㄟˇ的ㄉㄜ˙拋ㄆㄠ物ㄨˋ線ㄒㄧㄢˋ。

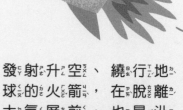

發ㄈㄚ射ㄕㄜˋ升ㄕㄥ空ㄎㄨㄥ、 繞ㄖㄠˋ行ㄒㄧㄥˊ地ㄉㄧˋ球ㄑㄧㄡˊ的ㄉㄜ˙火ㄏㄨㄛˇ箭ㄐㄧㄢˋ， 在ㄗㄞˋ脫ㄊㄨㄛ離ㄌㄧˊ大ㄉㄚˋ氣ㄑㄧˋ層ㄘㄥˊ前ㄑㄧㄢˊ， 也ㄧㄝˇ是ㄕˋ沿ㄧㄢˊ著ㄓㄜ˙拋ㄆㄠ物ㄨˋ線ㄒㄧㄢˋ前ㄑㄧㄢˊ進ㄐㄧㄣˋ。

連結不同排列方式的點，能創造出不同的曲線和圖形。 試著把下面格子裡數字相同的點連起來。

某些圖不只會出現一條曲線，右邊的圖形就有兩條曲線。

這些綠點標示的數字有兩組。 橫向的數字愈往中間愈小。

直向的數字愈往上方數字愈大。

利用下面的空白排列點點， 並幫它們編號， 然後把同樣數字的點連起來，看看你能創造出什麼樣的曲線。

排成方形或十字形會如何？

祕密數字

如果你有一則訊息或數字不想被別人發現，可以把它們變成密碼。

成密碼。這個過程會用到一套步驟——稱為加密法。

有一些「加密法」會讓原本的數字變成其他數字。例如：

每個數字加1，然後乘以2。

2	4	6	8	10
6				

這種方法叫做「換位密碼法」。

每個數字平方（自己乘以自己）。

5	6	7	8	9
25				

有一些「加密法」會讓原本的數字變成符號。例如：

對照左邊的圖形，把數字代換成對應的字母。

A	1	2	3	4	5

這種方法叫做「代換密碼法」。

每個數字加3，再換成對應的字母。

L	9	8	7	6	5

???

這串數字可以轉換成下列的密碼：

這些密碼分別使用什麼加密方式？

17 16 21 21 20 11 24 2 24 0

40 38 48 48 46 28 54 10 54 6

H I D D E N A W A Y

發明新的加密法，把最上方的數字轉換成新密碼。

2018 年，英國政府邀請民眾，藉由解破密碼比賽，參加活動招募新的間諜。

不規則的面積

要算出正方形或三角形等規則形狀的面積，有一定的計算方式，稱為公式。但不規則的形狀該怎麼計算呢？

規則形狀

規則形狀

不規則形狀

數學家皮克想出一個快速的方法，在方格紙上用直線畫出不規則形狀，並計算它的面積：

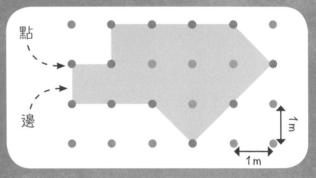

第一步

計算邊緣有幾個點（紅） ÷ 2 = 第一步的答案

這裡的答案是 12 ÷ 2 = 6

如果每個點之間的距離是 1 公尺（m），面積的單位就是平方公尺（m²）。

第二步

第一步的答案 + 形狀裡面有幾個點（綠） - 1 = 面積

6 + 4 - 1 = 9m²

蘿西和艾迪都想搬新家。請你算出下面這個房屋的面積，想想看這個房屋比較適合哪個人。

我希望房屋面積超過 20m²。

蘿西

我希望房屋面積超過 25m²。

把計算結果寫在這裡。

房屋

艾迪

打造舒適的家

屋×主製希ⁱ望ⁱ新ⁱ家ⁱ能ⁱ有ⁱ一個ⁱ院ⁱ子ⁱ。請ⁱ你ⁱ利ⁱ用ⁱ下ⁱ面ⁱ的ⁱ方ⁱ格ⁱ，設ⁱ計ⁱ一座ⁱ庭ⁱ園ⁱ。這ⁱ個ⁱ庭ⁱ園ⁱ中ⁱ要ⁱ有ⁱ菜ⁱ園ⁱ，你ⁱ也ⁱ可ⁱ以ⁱ加ⁱ上ⁱ小ⁱ屋ⁱ、池ⁱ塘ⁱ，以ⁱ及ⁱ任ⁱ何ⁱ你ⁱ喜ⁱ歡ⁱ的ⁱ設ⁱ施ⁱ。別ⁱ忘ⁱ了ⁱ用ⁱ直ⁱ線ⁱ畫ⁱ出ⁱ這ⁱ些ⁱ區ⁱ域ⁱ的ⁱ範ⁱ圍ⁱ！

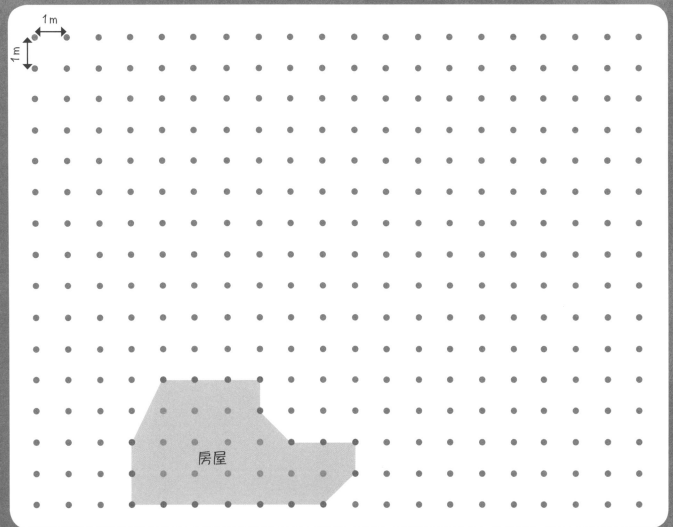

房屋

屋×主製想ⁱ要ⁱ在ⁱ菜ⁱ園ⁱ種ⁱ南ⁱ瓜ⁱ，如ⁱ果ⁱ每ⁱ株ⁱ南ⁱ瓜ⁱ需ⁱ要ⁱ $2m^2$ 的ⁱ生ⁱ長ⁱ空ⁱ間ⁱ，算ⁱ算ⁱ看ⁱ，你ⁱ設ⁱ計ⁱ的ⁱ菜ⁱ園ⁱ能ⁱ種ⁱ幾ⁱ株ⁱ南ⁱ瓜ⁱ？

提示：先ⁱ計ⁱ算ⁱ菜ⁱ園ⁱ的ⁱ面ⁱ積ⁱ，然ⁱ後ⁱ除ⁱ以ⁱ 2。

魔方陣

在魔方陣裡沒有重複的數字，而且每一列、每一行以及每個對角線裡的數字相加，都會得到相同的答案。

完成這個魔方陣，讓每個方向的數字相加都是 15。

方格裡有數字 1 到 9，而且每個數字只能出現一次。

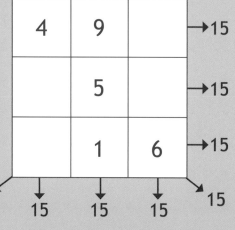

4	9		→15
	5		→15
	1	6	→15

↙15　↓15　↓15　↓15　↘15

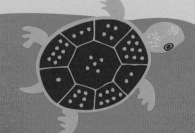

魔方陣曾被視為幸運的象徵。中國古代傳說記載，皇帝在可怕的大洪水期間看到一隻烏龜，殼上排列著不同數量的點，每一行的點數加起來都是 15。於是皇帝獻給了河神 15 樣禮物，洪水就退去了。

請試著完成這兩個魔方陣。填入數字 1 到 16，讓每一行、列、對角線的總和都是 34。

2		12	
	9	6	3
			10
11	14	1	

7		1	14
2			11
16	3	10	
		6	

試試看自己完成一個 5×5 的魔方陣，讓每行、列、對角線的總和都是 65。

海上導航員

數學家利用角度測量轉向，水手和飛行員也會用轉向以及羅盤來掌握方向。

角的測量單位是度，記作°，轉一圈是360度。

0到360之間的角度，與羅盤方向的關係像這樣……

0/360°
45°
315°
270° 西 北 東 90°
225° 西南 南 東南 135°
180°

西北 東北

羅盤上的指針通常是順時針旋轉。如果有艘船正往西北方前進，但它應該要往北，這時船長就會下令……

轉45度！

西北是315度，北是360度，兩個方向相差了45度。

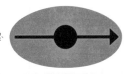

直升機駕駛傳送指令給下方地圖中的救生艇，指引它們前往正在下沉的渡輪。請你用直線畫出每艘橘色小船應該要前進的方向。

船上的箭頭表示小船目前的方向。

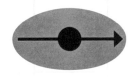
轉90度

轉180度

直走！

渡輪位在三條直線交會的地方，請你用黑點標示出來。

隨機數字

亂數是指數字沒有規則或順序，也就是說，很難猜到接下來會出現哪個數字。不過，要產生真正隨機排列的數字，是非常困難的任務。

隨機寫下 10 個你腦海中想到的數字，讓它們盡量沒有順序或規則。

這些數字看起來或許非常隨機，但無論你多努力嘗試，它們都不可能完全隨機，因為大腦的運作方式並不隨機。

光用看的很難判斷數字是否真的隨機。通常看起來隨機出現的數字，事實上並不是……

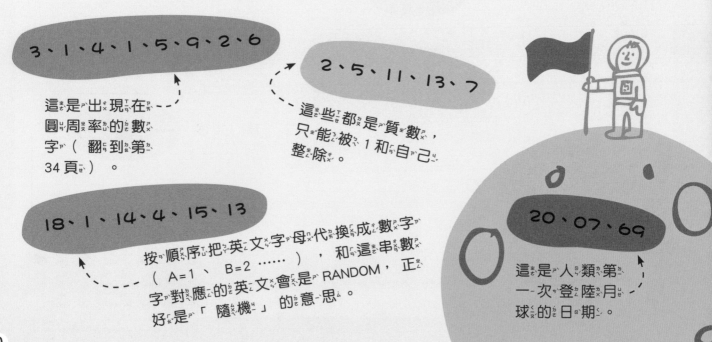

3、1、4、1、5、9、2、6

這是出現在圓周率的數字（翻到第34頁）。

2、5、11、13、7

這些都是質數，只能被 1 和自己整除。

18、1、14、4、15、13

按順序把英文字母代換成數字（A=1、B=2……），和這串數字對應的英文會是 RANDOM，正好是「隨機」的意思。

20、07、69

這是人類第一次登陸月球的日期。

其中一種產生亂數的方法是擲骰子。

如果你沒有骰子，可以利用最下面的樣板做一個。然後丟 5 次骰子，把數字寫在這些圓圈裡。

玩玩看樂透遊戲，樂透的玩法要靠完全隨機產生的亂數。你剛才擲出的五個數字，就是開獎號碼，將下面這幾張彩券和你的開獎號碼比一比。

在相同位置出現相同的數字可得一分。

彩券 2
4 1 4 3 6
分數：

彩券 1
2 4 5 6 4
分數：

每張彩券各得多少分？

彩券 3
6 2 3 6 1
分數：

彩券 4
1 2 5 5 3
分數：

彩券 5
5 3 2 2 4
分數：

把最高分的彩券圈起來。

影印這個樣板，或從 ys.ylib.com/activity/STEAM/MATH/ 下載。

沿著黑色實線剪下樣板。

沿著虛線摺疊。

在白色區域塗上膠水，把樣板黏成一個立方體。

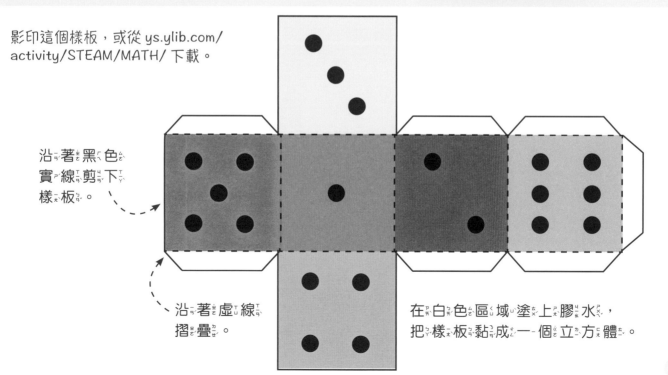

質數

質數只會被兩個數字整除：1和它自己。1到100之間總共有25個質數。請在下面的方格中找出質數，幫它塗上顏色或是圈出來。

2是第一個質數，也是質數中唯一的偶數。

提示：

利用乘法表檢查，刪掉不是質數的數字。

數學家一直希望找出最大的質數，目前找到最大的質數超過2000萬位數。

1	2	3	4	5	6	7	8	9	10
11	12	13	14	15	16	17	18	19	20
21	22	23	24	25	26	27	28	29	30
31	32	33	34	35	36	37	38	39	40
41	42	43	44	45	46	47	48	49	50
51	52	53	54	55	56	57	58	59	60
61	62	63	64	65	66	67	68	69	70
71	72	73	74	75	76	77	78	79	80
81	82	83	84	85	86	87	88	89	90
91	92	93	94	95	96	97	98	99	100

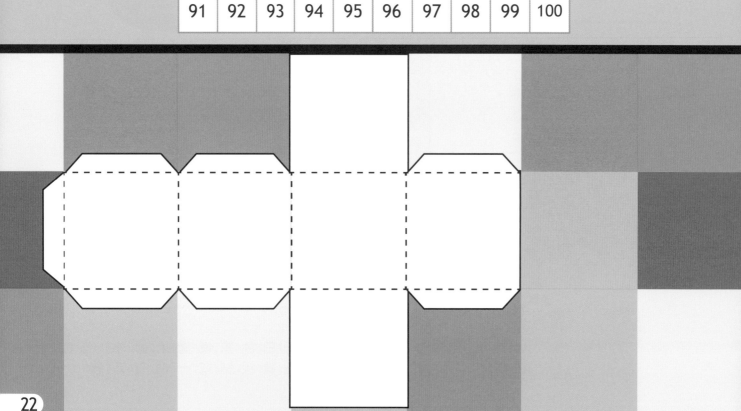

平方與立方

平方數是同一個數字相乘所得到的數, 立方數則是同一個數字乘三次得到的數。

$$2 \times 2 = 4$$ 平方數

$$2 \times 2 \times 2 = 8$$ 立方數

在 2 到 100 之間有一個數字, 它是平方數也是立方數。 請利用下面的空白, 找出這個數字。

提示: 先寫出比100小的平方數, 再寫出比100小的立方數, 就能找出這個數字。

你能找出是平方數也是立方數的三位數嗎?

23

不斷重複的圖案

有一些圖案被數學家稱為碎形。當你湊近一點看，會「發現」圖案中有一直重複的形狀。理論上，就算你不斷放大這張圖，形狀都會一樣。

其中一種碎形叫做謝爾賓斯基三角形。
它是這樣產生的：

請在這個謝爾賓斯基三角形裡，加入更多更小的等基三角形的三角形。

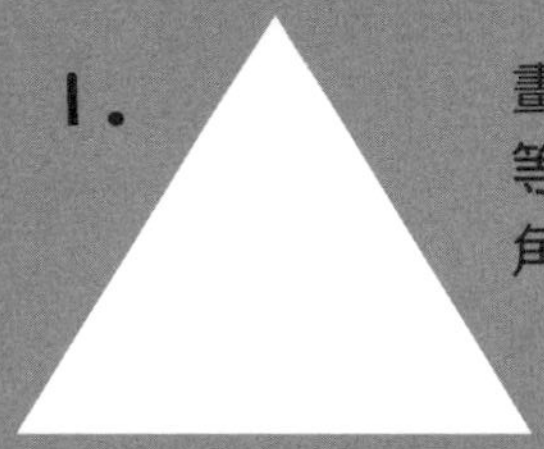

1. 畫一個等邊三角形。

2.

3. 在周圍加上更小的倒三角形。新加上的倒三角形都是倒立的等邊三角形。

在中間加上一個倒過來的等邊三角形。

4.

5.

繼續加入……

每一個新三角形的角都要碰到周圍三角形的邊。

更多的三角形……

理論上你可以不斷加入更小的三角形，但是畫到後來可能因為太小而不好畫了。

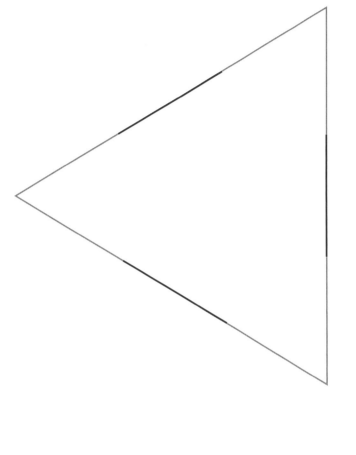

試試看，畫出你的科赫雪花三角形，為它加上愈多三角形愈好。

下面這種碎形稱為科赫雪花，它也有許多不斷重複的三角形，只不過是向外延伸⋯⋯

1. 先畫一個等邊三角形。

2. 在三邊都加上比較小的等邊三角形。

3. 繼續加上更多三角形⋯⋯

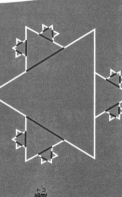

4. ⋯⋯繼續加⋯⋯

錢、錢、錢！

一個國家或地區使用的錢叫做貨幣，貨幣分成不同的單位，稱為面額。

貨幣大多以 100 個單位為基礎，比方在英國，100 便士等於 1 英鎊；在美國，100 美分等於 1 美元；在臺灣，100 分等於 10 角又等於 1 元，這樣的系統叫做十進位制。

硬幣和紙鈔的面額是基礎單位的因數，也就是可以整除，但不一定每個因數都有相應的貨幣面額。

以 100 個單位為基礎的貨幣，可能會有價值 50、20、10、5、2 和 1 的紙鈔或硬幣。

發行你的貨幣

你的貨幣要以多少單位為基礎？

你會發行哪些面額的紙鈔和硬幣？

以 40 單位為基礎的貨幣可能會有面額 40、20、10、8、5、4、2 和 1 的硬幣或紙鈔。

以**質數**為基礎的貨幣，例如 43，只會有兩種硬幣或紙鈔：43 和 1。

為你的貨幣命名

你的貨幣名稱是什麼？ 幫貨幣取名字， 並設計代表符號。 這裡提供一些貨幣的名稱與符號供你參考。

克朗　美元　法朗
盧比　歐元　日圓　英鎊

£ $ ¥ €

貨幣名稱	代表符號

你的貨幣單位怎麼計算？

I ------------- 等於 ---------------------------------

例如，1 美元等於 100 美分。

如何使用你的貨幣？

想像你正在使用自己發行的貨幣。 如果要湊出下面這些數值， 必須拿出幾種硬幣和紙鈔？ 請畫在下面的空格裡。

84

27

66

13

我的撲滿

你的貨幣湊不出哪些數字？

隨機分布

數學家會研究圖形的排列，看看它們的分布有沒有規律。如果是隨機的，就稱為隨機分布。請按照右頁的步驟，在下面畫出隨機分布的圖形。

依-照說明，利用左頁的方格，研究隨機分布：

把一小張紙揉成一團。

把手掌張開，小拇指輕輕靠在這本書上。從你大拇指的高度放開紙球，每次都要從同樣的高度放開紙球。

在球最後停下來的地方畫叉。如果球跳到書的外面，就再試一次。重複這個過程大約 15 次。

畫下的記號是均勻散布或聚在一起？隨機分布並不會均勻散布。

紙球最後的落點大部分是隨機的，但你無法得到真正的隨機分布，因為紙球的形狀和重量，還有你丟球的方式，都會產生細微的影響，讓結果沒那麼隨機。

即使圖案或形狀完全隨機，人類還是傾向找出規則，例如我們常會發現雲裡有些形狀……

這些雲讓你想到什麼呢？把它畫在這裡。

會自我複製的圖形

有些形狀可以跟「和自己相同」的形狀結合，創造出更大但與原本相同的形狀。這種形狀叫做自我複製紋樣。

正方形一定是自我複製紋樣，只要結合四個正方形，就能產生一個大正方形。

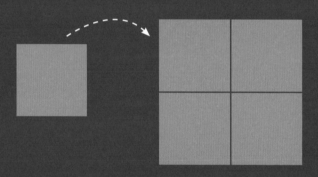

三角形也一定是自我複製紋樣。

下面空白處有三個三角形，請你加進另外兩個三角形，組合成同樣形狀但尺寸更大的三角形。

2.5 公分

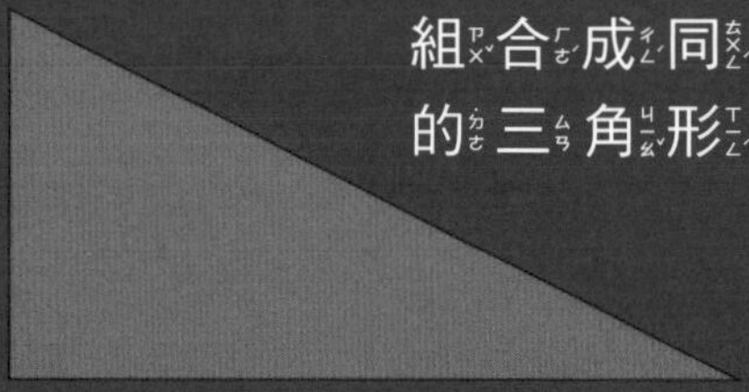

5公分

提示：
每個形狀都可以翻面或旋轉，但大小要保持一樣。

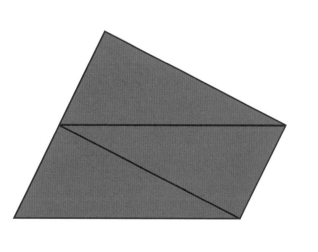

這頁的最下面有兩種自我複製紋樣，想想看要如何把它們組合成更大的形狀？你可以用畫的，或是用剪貼的方式，把你的組合結果呈現在這一頁和下一頁的空白處。

形狀 A

形狀 A

把下面的樣板影印下來，或從 ys.ylib.com/activity/ STEAM/MATH/ 下載，然後剪下這幾個形狀。

形狀 B

把這個形狀的組合結果畫在下一頁。

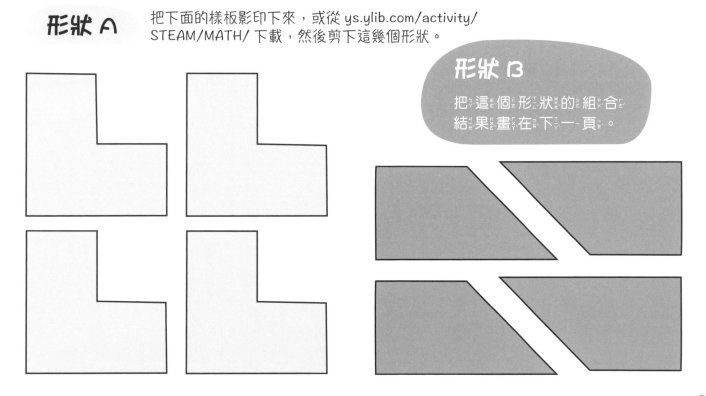

形狀 B

第 24 頁的謝爾賓斯基三角形也是一種自我複製紋樣。

活動說明在第 31 頁上方。

形狀 A

形狀 B

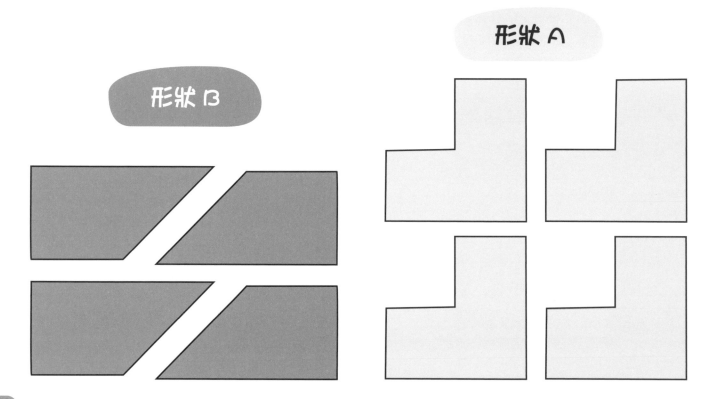

地圖上的數學

有兩名數學家在 1976 年證明了四色定理： 只要用四種顏色， 就能幫任何地圖上色， 讓同樣顏色的區域不會相連。

請你利用下面的地圖測試四色定理。

相同顏色區域的角落可以接觸，像是這個位置。

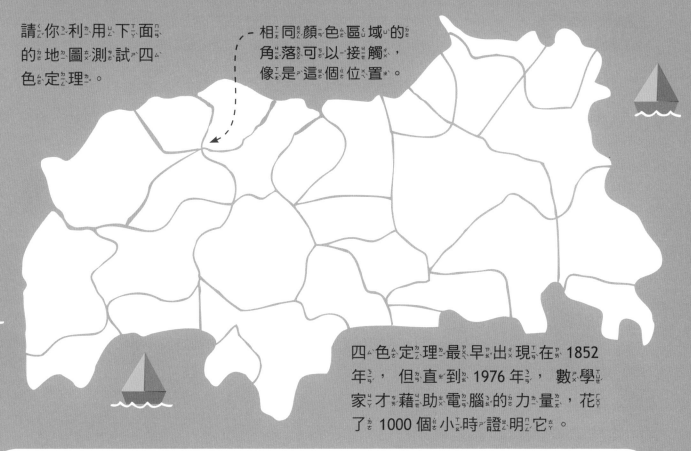

四色定理最早出現在 1852 年， 但直到 1976 年， 數學家才藉助電腦的力量，花了 1000 個小時證明它。

繪製自己的地圖

先畫出一幅地圖， 再依照四色定理，幫這幅地圖填滿顏色。

發現圓周率

幾千年前，數學家在研究圓形時，發現有個特別的數值一直出現。這個數值後來被稱為圓周率，代表符號是 π。數學家是怎麼發現它的？

π 的追尋

1. 測量圓周，也就是圓圈外緣的長度。

2. 拿尺測量直徑，也就是穿過圓圈中心的線條長度。

圓周 = 135 公釐

直徑 = 43 公釐

3. 用計算機把圓周除以直徑，答案就是圓周率。

圓周 ÷ 直徑 = π
135 ÷ 43 = 3.1395

試試看：

圓周 = 223 公釐

直徑 = 　　　公釐

圓周 ÷ 直徑 =

圓周 = 298 公釐

直徑 = 　　　公釐

圓周 ÷ 直徑 =

圓周 = 173 公釐

直徑 = 　　　公釐

圓周 ÷ 直徑 =

你應該會發現，計算結果都接近 3.14，但真正的圓周率在小數點後面的數字會一直延續下去。

為圓周率寫詩

有些人藉由圓周率詩，幫助自己記住圓周率的數字。請先看看下面的示範，然後試著自己寫一首。

圓周率的前 21 個數字是
3.14159265358979323846

跟著唸唸看，你發現了嗎？這個詩人巧妙的用了諧音來記憶圓周率。

3. 　　　山巔

14159　一寺一壺酒，

26535　二柳舞扇舞，

89793　把酒棄舊山，

23846　惡善百世流。

這首詩的內容是在說，山頂上有一座寺廟、一壺酒，還有兩棵像在跳扇子舞的柳樹。

後面兩句是在表示詩人的灑脫，決定不再執著，好壞留給之後的人決定。

換你來挑戰

除了用諧音，你還想到其他幫助記憶的方法嗎？

3.14159265358979323846

上網查查看，還有哪些圓周率詩？

最佳路線

每當有人利用手機或全球衛星定位系統 GPS 找路，就會用到狄格斯特演算法，找出最快的路線。

演算法怎麼運作？

狄格斯特演算法是把地圖想成一連串的點，這些點稱為節點，連結節點的線稱為邊。這樣產生的圖形是簡化的地圖。

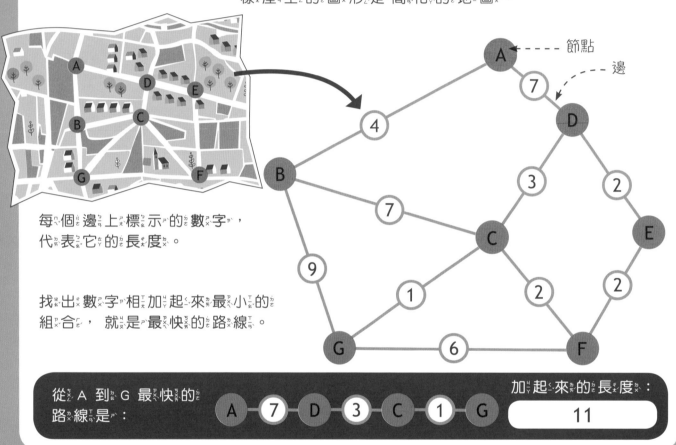

每個邊上標示的數字，代表它的長度。

找出數字相加起來最小的組合，就是最快的路線。

節點

邊

從 A 到 G 最快的路線是：　　A — 7 — D — 3 — C — 1 — G

加起來的長度：
11

找出最快路線！

請你找找看，右邊這張地圖中，從 A 到 G，走綠色還是黃色路線比較快？

A-B-C-E-G =

A-D-F-G =

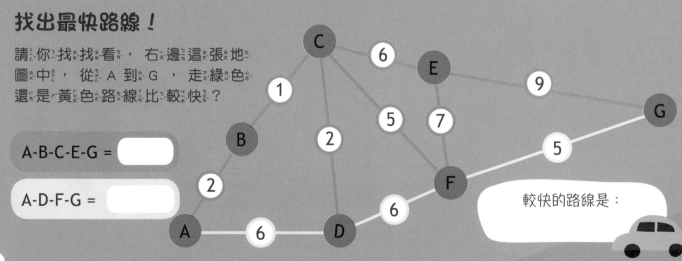

較快的路線是：

換你試試看

在下面這張地圖上，從 A 到 J 最短的路線，加起來的總長是 19，會經過哪些節點？

可以利用這個空白來計算。

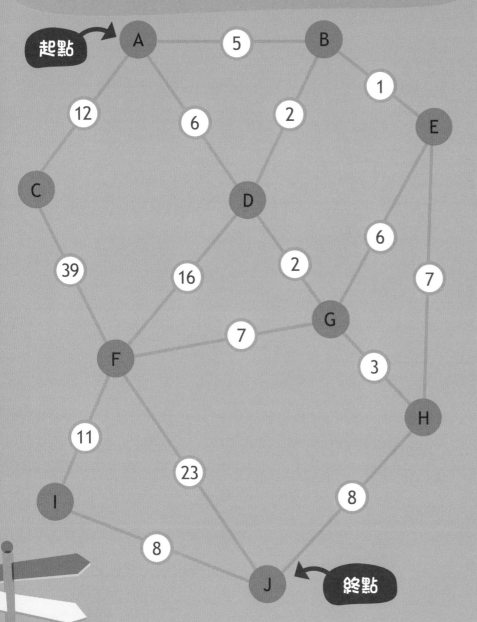

最短的路線是：

A   J

嗶嗶！

電腦只需要幾秒鐘，就能算出全國道路的最短路線。

費氏數列

1202 年， 義大利數學家費波那契根據下面的
規則， 想出了一系列數字……

規則： 每個數字都是
前面兩個數字的和。

0+1 =　　　1+2 =　　　算算看， 接下來會出現哪些數字？

0, 1, 1, 2, 3, 5, ----, ----, ----, ----, ----

1+1 =　　　2+3 =

費氏數列又叫費波那契數列。

大自然的事物中經常可發現費氏數列， 比方說樹枝的數目。
你可以利用下面這棵樹， 自己測試看看。

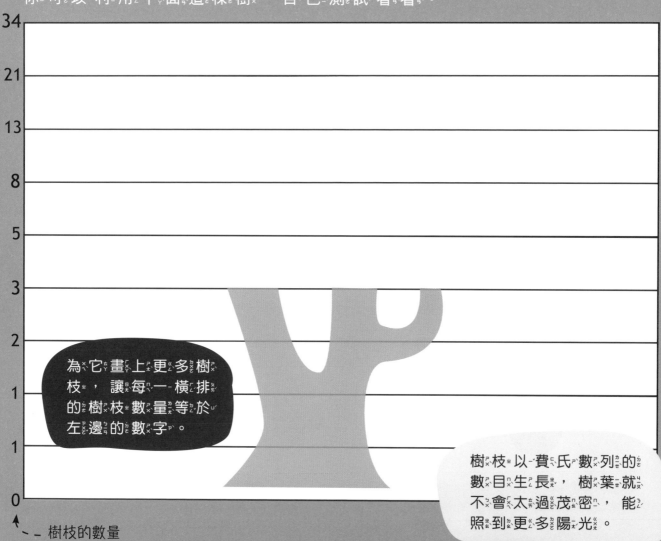

為它畫上更多樹
枝， 讓每一橫排
的樹枝數量等於
左邊的數字。

樹枝以費氏數列的
數目生長， 樹葉就
不會太過茂密， 能
照到更多陽光。

↖ 樹枝的數量

種子和樹葉的生長也常按照費氏數列，請你數數看，蘆薈和松果上有多少條螺線？

有些螺線裡上了顏色，是為了幫助你看清楚它的位置。

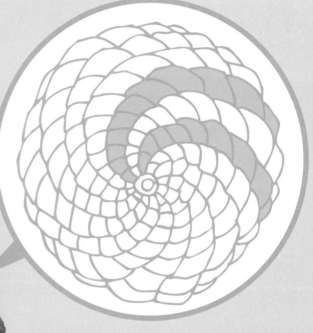

蘆薈

有幾條螺線？

松果

有幾條螺線？

螺線的數目應該會是費氏數列中的某個數字。

把費氏數列中，任三個連續的數字加起來，你發現了什麼？

費氏螺線

費波那契螺線是另一個常出現在大自然裡的圖形，它和費氏數列息息相關。

第一步：
繪製長方形

先畫一個正方形，邊長為 1。

在長方形的長邊加上邊長為 2 的正方形，然後繼續加上愈來愈大的正方形，你會發現正方形的邊長就是費氏數列。

按照箭頭方向加上正方形，你有發現螺旋狀嗎？

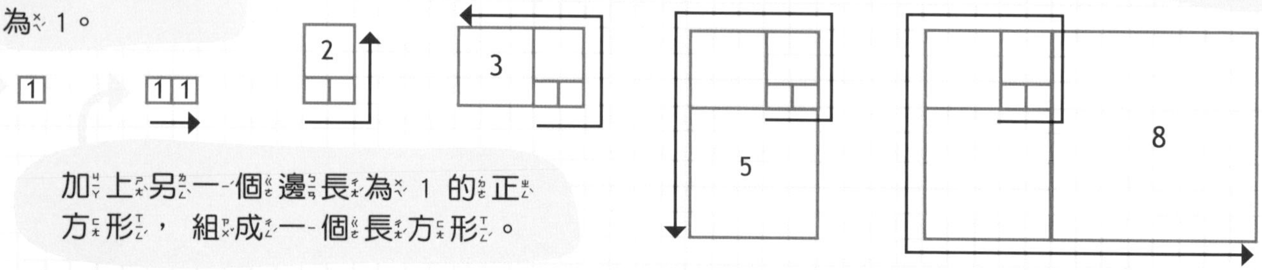

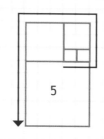

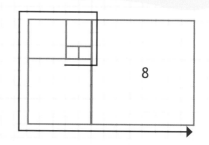

加上另一個邊長為 1 的正方形，組成一個長方形。

第二步：
畫出螺線

把每個正方形對角的點，用曲線連起來，像下面這樣：

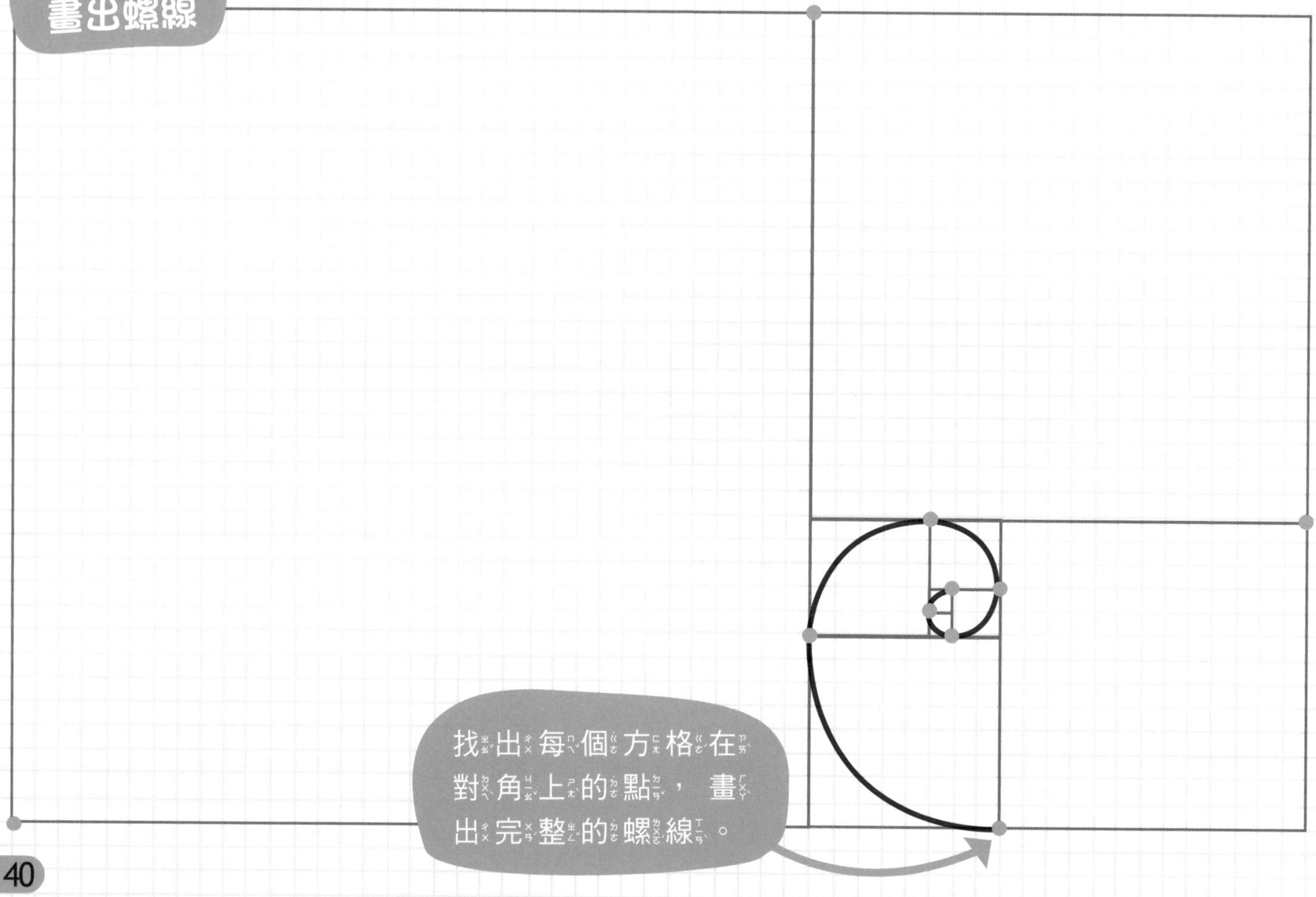

找出每個方格在對角上的點，畫出完整的螺線。

有些動物身上也有費氏螺線。
請把下面動物身上的藍點用曲
線連起來，畫出螺線。

蝸牛殼

公羊角

用左頁的步驟，在空白的地方
畫出符合費氏數列的長方形，
然後加上螺線。這個螺線會出
現在哪些動物身上呢？

提示：翻到第38頁，看
看你寫的費氏數列，就
可以知道每個新加上的
方格邊長是多少。

費氏螺線又叫黃金螺旋。

超大數字

有一些數字非常大，後面可能有一、兩千個零，你知道怎麼稱呼嗎？一般我們會用科學記號（幾次方）來表示，比方 5×10^{1399}，就是 5 後面有 1399 個零。

中文的數字單位，小於「萬」的數字如一、十、百、千採取十進位制，「萬」以上的大數系統則採取萬進位制，也就是每四位數換一個單位，例如萬、億、兆……。用中文表示的數字單位，正式記載只到 10^{51}，叫：千極。

科學記號	中文數詞	科學記號	中文數詞
10^4	萬	10^{24}	秭
10^5	十萬	⋮	⋮
10^6	百萬	10^{28}	穰
10^7	千萬	⋮	⋮
10^8	億	10^{32}	溝
10^9	十億	⋮	⋮
10^{10}	百億	10^{36}	澗
10^{11}	千億	⋮	⋮
10^{12}	兆	10^{40}	正
10^{13}	十兆	⋮	⋮
10^{14}	百兆	10^{44}	載
10^{15}	千兆	⋮	⋮
10^{16}	京	10^{48}	極
⋮	⋮	10^{49}	十極
10^{20}	垓	10^{50}	百極
⋮	⋮	10^{51}	千極

佛教典籍中也有用來描繪大數的詞，例如「恆河沙」（10^{52}）、「阿僧祇」（10^{56}）、「那由他」（10^{60}）、「不可思議」（10^{64}）、「無量大數」（10^{68}）。另外，1920年一位美國數學家為了說明一個不可想像的大數和無限大的區別，在著作中寫下了這個概念：

1 古戈爾 = 1 GOOGOL = 10^{100} =

數數看，這裡是不是有 100 個零？

10,000,000,000,000,000,000,

000,000,000,000,000,000,000,

000,000,000,000,000,000,000,

000,000,000,000,000,000,

000,000,000,000,000,000,000

「古戈爾」是一個比宇宙裡所有原子總和還大的數！
根據這位數學家的說法，這個名稱來自他九歲的姪子。

大數能用在哪裡？

你可以用大數單位來計算或測量什麼東西？想想看有什麼東西多到或大到需要使用大數？

地球上有多少水？

宇宙中有多少原子？

從地球到銀河邊緣的距離？

從小到大

不同的東西用不同的單位來測量，數學家幫忙，每一個單位取了名字，有時候我們只要從單位，就可以知道那個東西很小還是很大。

公尺是長度的基本單位。

哪些東西用哪一個單位來測量最恰當呢？請在格子裡畫出適合測量的東西。

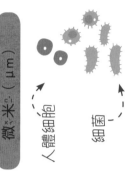

我的身高有550萬微米。

好像用公尺來測量比較適合！

微米（μm）
人體細胞

細菌

公釐（mm）
小昆蟲

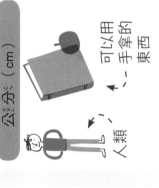

公分（cm）
小人類

可以用手拿的東西

公尺（m）
游泳池

建築物

微
比千分之一小
1000倍

毫
比百分之一小10倍

釐
比基本單位小100倍

基本單位

A
千位元組
KB

B
百萬位元組
MB

C
十億位元組
GB

D
兆位元組
TB

位元組是電腦儲存的基本單位，一一個位元組可以儲存 8 個數字。

下面的事物最適合用上面哪個單位來測量？請你把對應的字母填在白色的圓圈裡。

一頁文字檔。

一張數位相片、一個音樂檔或一個大檔案。

人類大腦可以保留的所有記憶。

智慧型手機的記憶體容量。

你可以把下列數字改寫成次方形式嗎？

千位元組 ＝ 1000 位元組 ＝ 10^3 位元組

百萬位元組 ＝ 1000000 位元組 ＝ － －－ － － 位元組

十億位元組 ＝ 1000000000 位元組 ＝ － － － － － 位元組

兆位元組 ＝ 1000000000000 位元組 ＝ － － － － － 位元組

有很多零的數字可以寫成「次方」的形式，像這樣：10^3，代表 1 後面有 3 個 0。

千
比基本單位大
1000 倍

百萬
比千大
1000 倍

十億
比百萬大
1000 倍

兆
比十億大
1000 倍

尋找規則

下面這樣的數字序列叫做巴斯卡三角形。

三角形上的數字從 1 開始排列。

每個數字都是它上面的數字相加得到的和。

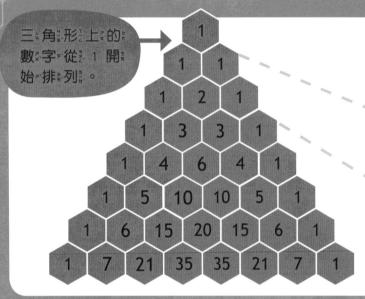

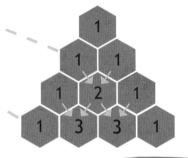

所以三角形外圍的數字都是 1。

1				
1	1			
1	2	1		
1	3	3	1	
1	4	6	4	1
1	5	10	10	5	1
1	6	15	20	15	6	1
1	7	21	35	35	21	7	1

數學家在這個三角形裡面發現了各種數字模式，你也可以試著觀察看看。

把每一列的數字加起來。

把答案寫在旁邊的空白裡。

可以利用這塊空白做計算。

你是否發現某種規律？

嗯……

1
1 1
1 2 1
1 3 3 1
1 4 6 4 1
1 5 10 10 5 1
1 6 15 20 15 6 1
1 7 21 35 35 21 7 1
1 8 28 56 70 56 28 8 1
1 9 36 84 126 126 84 36 9 1

把黃色六角形裡的數字相加，答案是綠色六角形裡的數字。

這串六角形排列的形狀很像曲棍球桿，因此這個規律叫做曲棍球桿模式。請你在這個三角形裡找出更多的曲棍球桿模式，並塗上顏色。

1. 這個巴斯卡三角形裡有些空格，請你找出應該要填入哪些數字。

2. 把奇數塗上同一個顏色。

3. 上色後請翻回第24頁比對一下，你有看出左邊圖形裡的謝爾賓斯基三角形嗎？

小鎮漫步

在 18 世紀有個叫做哥尼斯堡的城鎮，居民向數學家歐拉提出挑戰，後來歐拉在解題過程中，發展出一種全新的數學，稱為圖論。

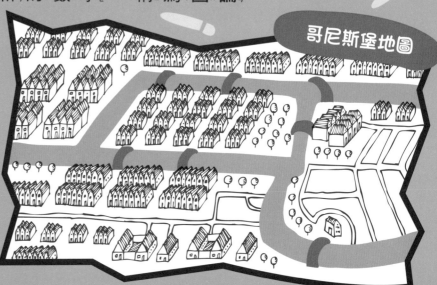

哥尼斯堡地圖

挑戰題目

哥尼斯堡有七座橋，有可能走遍全鎮，穿越每一座橋，且每座橋只走一次嗎？

為了解決問題，歐拉先把哥尼斯堡地圖變成由點和線構成的地圖。

簡化的哥尼斯堡地圖

- 點（又叫做節點），代表哥尼斯堡鎮上的某個區域。

- 線（又叫做邊）串連不同的點，代表過橋的路線。

你能找到通過每個節點與每個邊的路線嗎？而且每個邊只能經過一遍。

可以 ／ 不行

48

歐拉發現這個挑戰是不可能的任務。但他也發現一個規則，可以用來檢查能不能一次走遍地圖上的路線。

這個地圖裡，每個點都連結兩個邊，因此可以一次走遍。

這個地圖裡，有兩個點連結三個邊，因此也可以一次走遍。

哥尼斯堡的地圖中有四個點連結了三條線，因此不能一次走遍。

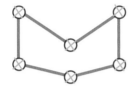

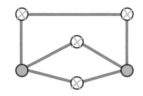

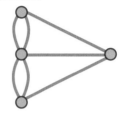

⊗ 連結的邊是偶數　　● 連結的邊是奇數

下面有兩個地圖。請你利用歐拉規則，判斷是否能一次走遍，經過每個點，且每個邊只使用一次。

從這裡開始

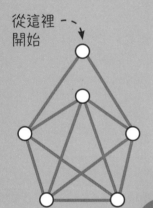

有幾個點連結的邊是奇數？

- - - - - - - - - - - - - -

可以一次走遍嗎？

可以 / 不行

提示： 在連結奇數個邊的點塗上顏色，在連結偶數個邊的點打個叉，這樣比較容易判斷。

試著在這兩張地圖上畫出路線，檢驗你的答案。

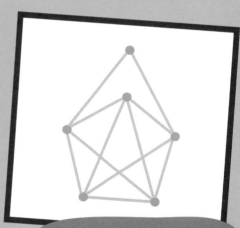

從這裡開始

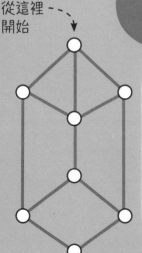

有幾個點連結的邊是奇數？

- - - - - - - - - - - - - -

可以一次走遍嗎？

可以 / 不行

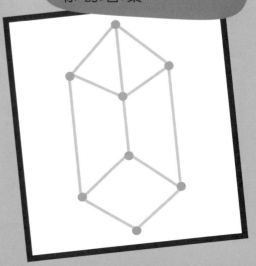

在這張地圖上畫幾座橋，連結河兩邊的區域，橋的位置和數量要能讓你可以一次走遍每個區域，而且每座橋只經過一次。

可以在這裡先畫出簡化的地圖。

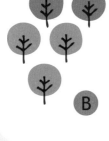

你可以在這張地圖加上任何東西，但連結奇數個邊的點只能是零或兩個。

難題再會了

現在你可以在每座橋只經過一遍的情況下，走遍哥尼斯堡。因為有兩座橋在第二次世界大戰中被摧毀了，只剩下兩個點連結奇數個邊。

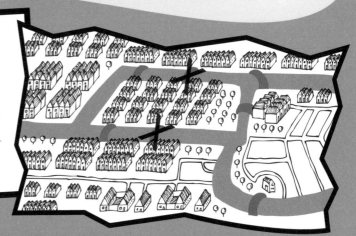

完全數

一個數可以被自己的因數整除，不會留下餘數。如果一個數的因數加起來等於自己，我們就說它是完全數。

6 的因數是 1、2、3

$6 \div 6 = ①$　　$6 \div 3 = ②$
$6 \div 2 = ③$

其中一個因數一定是這個數本身，但尋找完全數時，不要使用它。

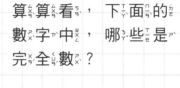

因數：6、3、2、1
總和：3 + 2 + 1 = 6
是完全數嗎？是

算算看，下面的數字中，哪些是完全數？

因數：
總和：
是完全數嗎？

28

因數：
總和：
是完全數嗎？

50

因數：
總和：
是完全數嗎？

因數：
總和：
是完全數嗎？

平面鑲嵌

鑲嵌又叫做密鋪，是一種由重複形狀組成、
形狀之間密合而沒有空隙的圖形。

從建築物、藝術品到大自然，
到處都可以看到鑲嵌圖形。

你在其他地
方看過鑲嵌
圖形嗎？

磚牆

馬賽克磁磚

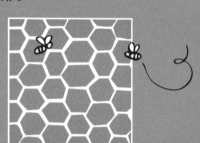

蜂巢

請你繼續完成這個
鑲嵌畫作。

提示： 有些形狀要
翻轉才能密合。

不規則變化

很多鑲嵌作品都使用規則的形狀排列，但不規則的形狀也可以用來鑲嵌。請看下圖的說明：無論你對形狀的某一邊做了什麼事，就要對另一邊做相反的事，像這樣……

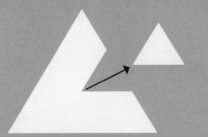 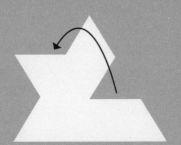 

移除其中一邊的某個部分後……

要把它加到另一邊。

這麼一來，形狀跟形狀之間就能完全密合。

請你設計一個可以用來做出鑲嵌的不規則形狀。

請你用這個形狀，組合成鑲嵌作品。

鑲嵌動物

艾雪

荷蘭藝術家艾雪以鑲嵌作品聞名，尤其是鑲嵌動物。

可以上網搜尋更多我的作品，跟著動手畫畫看！

參考前一頁的不規則形狀，創造出鑲嵌動物。別忘了把你在某一邊拿掉的部分，加到圖形的另一邊。

魚

利用下面的格子畫出你的鑲嵌動物。你可以參考右邊的點子，或是自己想一個。

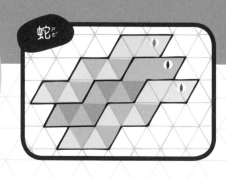

蛇

犀牛

學羅馬人算數

古代羅馬人用符號來計算，我們把那些符號叫做羅馬數字。利用下面的對照表，學習古羅馬人怎麼算數。

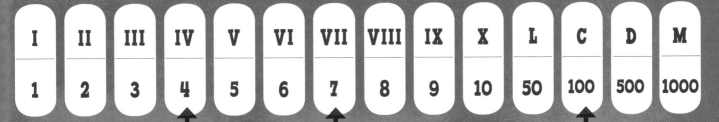

I	II	III	IV	V	VI	VII	VIII	IX	X	L	C	D	M
1	2	3	4	5	6	7	8	9	10	50	100	500	1000

符號前面如果有I，代表數值減1。IV就是5減1，IX就是10減1。

不同符號可組合成更大的數字。比方說，7就是5+1+1（VII）。

比較大的數字有專屬符號。

這些符號代表什麼數字？

XXVII _____

LXI _____

DCLV _____

算算看，然後用數字寫出答案。

VI + VIII = _____

L - XXV = _____

用羅馬數字寫出這些數字。

17 _____

23 _____

86 _____

算算看，然後用羅馬數字寫出答案。

11 + 47 = _____

L × III = _____

88 ÷ 4 = _____

C - LXVI = _____

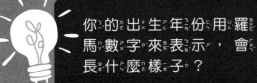

你的出生年份用羅馬數字來表示，會長什麼樣子？

I, II, III, IV...

55

數學魔術師

把一連串的計算過程變成數學魔術，給朋友和家人一個驚喜。

試試看： 從 1～20 挑一個數字，把它寫在第一個空格裡。按照指示，把答案依序寫在空格裡。

+3

×2

-4

÷2

最後減去你一開始挑選的數字，答案會是……

嗒噠！

發生什麼事？ 把你一開始選的數字想像成袋子裡的彈珠數量。

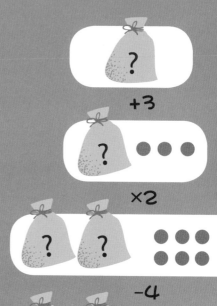

?

+3

? ●●●

×2

? ? ●●● / ●●●

-4

? ? ●●

÷2

? ●

減去你選的數字（或彈珠數量）。

你一開始選的數字最後會被抵銷，留下 1。

設計你的魔術

你ㄋㄧˇ可ㄎㄜˇ以ㄧˇ用ㄩㄥˋ同ㄊㄨㄥˊ樣ㄧㄤˋ的ㄉㄜ˙方ㄈㄤ式ㄕˋ設ㄕㄜˋ計ㄐㄧˋ自ㄗˋ己ㄐㄧˇ的ㄉㄜ˙魔ㄇㄛˊ術ㄕㄨˋ。記ㄐㄧˋ得ㄉㄜ˙把ㄅㄚˇ一ㄧ開ㄎㄞ始ㄕˇ的ㄉㄜ˙數ㄕㄨˋ字ㄗˋ想ㄒㄧㄤˇ像ㄒㄧㄤˋ成ㄔㄥˊ袋ㄉㄞˋ子ㄗ˙裡ㄌㄧˇ的ㄉㄜ˙彈ㄉㄢˋ珠ㄓㄨ數ㄕㄨˋ目ㄇㄨˋ，最ㄗㄨㄟˋ後ㄏㄡˋ一ㄧ定ㄉㄧㄥˋ要ㄧㄠˋ讓ㄖㄤˋ那ㄋㄚˋ個ㄍㄜˋ袋ㄉㄞˋ子ㄗ˙裡ㄌㄧˇ的ㄉㄜ˙彈ㄉㄢˋ珠ㄓㄨ抵ㄉㄧˇ銷ㄒㄧㄠ不ㄅㄨˋ見ㄐㄧㄢˋ。

我的魔術這樣做	畫出袋子裡的彈珠數量

1. 從ㄘㄨㄥˊ 1～ 20 之ㄓ間ㄐㄧㄢ選ㄒㄩㄢˇ一ㄧ個ㄍㄜˋ數ㄕㄨˋ字ㄗˋ。

2.

3.

4.

5.

答ㄉㄚˊ案ㄢˋ一ㄧ定ㄉㄧㄥˋ是ㄕˋ……

在ㄗㄞˋ朋ㄆㄥˊ友ㄧㄡˇ或ㄏㄨㄛˋ家ㄐㄧㄚ人ㄖㄣˊ面ㄇㄧㄢˋ前ㄑㄧㄢˊ表ㄅㄧㄠˇ演ㄧㄢˇ你ㄋㄧˇ的ㄉㄜ˙魔ㄇㄛˊ術ㄕㄨˋ，讓ㄖㄤˋ他ㄊㄚ們ㄇㄣ˙大ㄉㄚˋ吃ㄔ一ㄧ驚ㄐㄧㄥ！

數學魔術卡片

右頁有五張數字卡片，把這些樣板影印下來，或是從 ys.ylib.com/activity/STEAM/MATH/ 下載，然後把卡片剪下來。

請朋友在 1 到 30 之間選一個數字。

請朋友挑出有這個數字的卡片。

把朋友挑出的卡片左上角的數字相加。

14

8 + 4 + 2 = 14

得到的答案就是朋友選的數字。

怎麼辦到的？

只要用 ① ② ④ ⑧ ⑯ ，就能組合出 1 到 30 之間的任一個數字，而且每個數字只有一種組合方式，因此不管朋友挑了什麼，卡片的組合方式都只有一種。請你在下面的空格中填入數字，完成這 30 個數字的組合方式。

1 = 1	11 = 8 + 2 + 1	21 = ○ + ○ + ○
2 = 2	12 = ○ + ○	22 = 16 + 4 + 2
3 = 2 + 1	13 = ○ + ○ + ○	23 = 16 + 4 + 2 + 1
4 = 4	14 = 8 + 4 + 2 +	24 = ○ + ○
5 = 4 + 1	15 = ○ + ○ + ○ + ○	25 = 16 + 8 + 1
6 = ○ + ○	16 =	26 = 16 + 8 + 2
7 = ○ + ○ + ○	17 = + 1	27 = 16 + 8 + 2 + 1
8 = 8	18 = ○ + ○	28 = ○ + ○
9 = 8 + 1	19 = + 2 + 1	29 = 16 + 8 + 4 + 1
10 = 8 + 2	20 = + 4	30 = ○ + ○ + ○ + ○

8	9	10
11	12	13
14	15	24
25	26	27
28	29	30

6	13	20	23	30
5	12	15	22	29
4	7	14	21	28

6	11	18	23	30
3	10	15	22	27
2	7	14	19	26

16	17	18
19	20	21
22	23	24
25	26	27
28	29	30

5	11	17	23	29
3	9	15	21	27
1	7	13	19	25

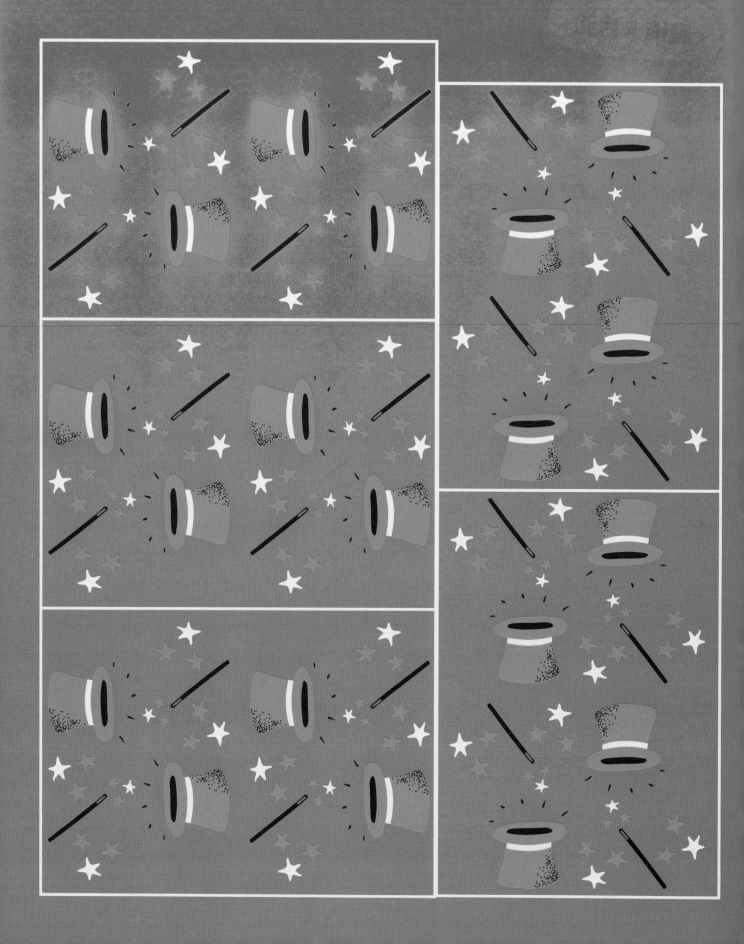

雙倍的麻煩

棋盤問題很有名。想像我們在西洋棋盤的第一個方格裡放一粒米，第二個方格裡放兩粒，在下一個方格裡放四粒，依此類推。如果把棋盤擺滿，總共有幾粒米？

第一個方格有1粒。

第二個方格有2粒。

第三個方格有4粒。

接下來的方格裡的數字，都是前一格的兩倍，請你至少完成前三列。

加倍會讓數字以非常快的速度變大，這叫指數成長。

你只要寫完前面幾列就會發現，數字變大的速度有多快。如果需要的話，可以使用計算機。

西洋棋盤有64個方格，如果全部擺滿，總共會有18百京粒米，多達 18 × 10^{18}，重量超過一兆公噸，比地球上所有的米還要多！

61

尋找外星生物

數學可推算無法測量的事物。比如，美國天文學家德瑞克就用數學推測，一個星系裡有多少行星上住著能跟人類溝通的生物。利用下面的想像星系，玩玩看簡單版的德瑞克方程式。

1. 行星的數目

專家會先計算星系裡有多少顆行星。
請你數一數這兩頁有幾顆行星，把答案寫在右邊的格子。

2. 具有生命的潛力

代表理論上能孕育生命的行星比例。

把綠色條帶裡面的行星數目寫在這裡。

把所有行星的數目寫在這裡。

—

為了讓計算過程更順利，用計算機，把格子上方的數字除以下方的數字，可得出小數：

3. 真正的生命

這是專家認為真的有生物的行星比例。

具有生命跡象的行星數目寫在這裡。

綠色條帶裡的行星數目寫在這裡。

—

把分數化為小數：

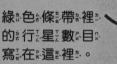

4. 智慧生命

這是能夠發展出智慧生物的行星比例。專家必須想辦法用估計的。

我們為這個星系想像了一個數字。

0.8

5. 科技發展

外星生物要創造出能跟人類溝通的科技，必須有足夠的智慧，這是專家認為能夠孕育出智慧生物的行星比例。

這也是推算的數字。

0.625

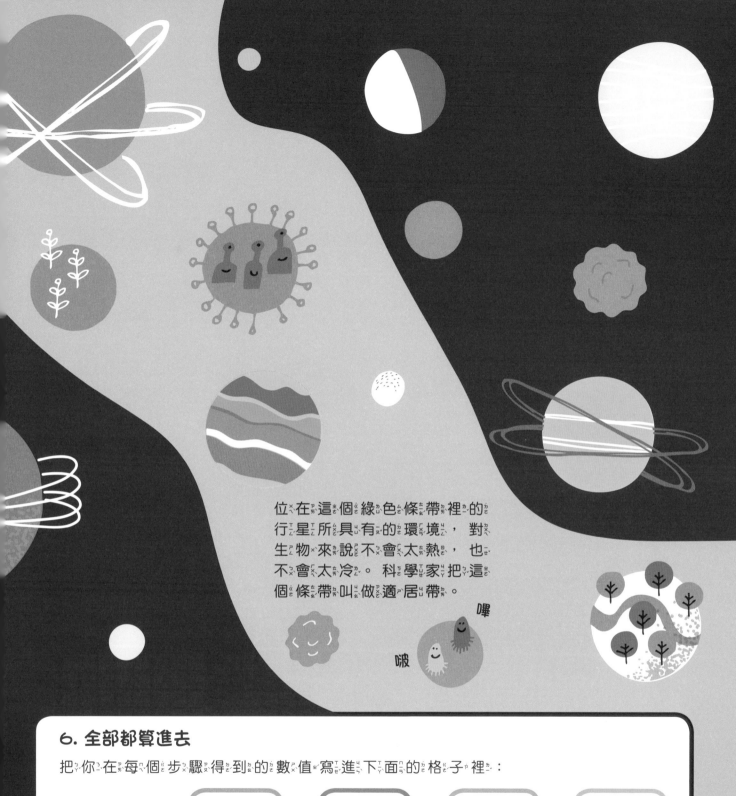

位𝆺在𝆺這𝆺個𝆺綠𝆺色𝆺條𝆺帶𝆺裡𝆺的𝆺行星𝆺所𝆺具𝆺有𝆺的𝆺環𝆺境𝆺，對𝆺生物𝆺來𝆺說𝆺不𝆺會𝆺太𝆺熱𝆺，也𝆺不𝆺會𝆺太𝆺冷𝆺。科學𝆺家𝆺把𝆺這𝆺個𝆺條𝆺帶𝆺叫𝆺做𝆺適𝆺居𝆺帶𝆺。

嗶

啵

6. 全部都算進去

把𝆺你𝆺在𝆺每𝆺個𝆺步𝆺驟𝆺得𝆺到𝆺的𝆺數𝆺值𝆺寫𝆺進𝆺下𝆺面𝆺的𝆺格𝆺子𝆺裡𝆺：

X ⬚ X ⬚ X ⬚ X ⬚

最𝆺後𝆺用𝆺計𝆺算𝆺機𝆺把𝆺所𝆺有𝆺數𝆺字𝆺相𝆺乘𝆺，得𝆺到𝆺什𝆺麼𝆺答𝆺案𝆺呢𝆺？

這𝆺個𝆺數𝆺字𝆺代𝆺表𝆺這𝆺個𝆺星𝆺系𝆺裡𝆺有𝆺多𝆺少𝆺行𝆺星𝆺上𝆺或𝆺許𝆺住𝆺著𝆺可𝆺以𝆺跟𝆺人𝆺類𝆺溝𝆺通𝆺的𝆺生𝆺物𝆺！

對稱的形狀

如果一個形狀是對稱的，表示這個形狀不論怎麼旋轉或鏡像，看起來都會一模一樣。

反射對稱

反射對稱是指，在想像線兩側的形狀看起來一模一樣，就好像照鏡子一樣。

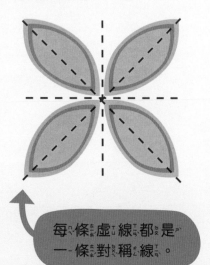

每條虛線都是一條對稱線。

請你用反射對稱的特性，畫出下面圖案的「另一半」。

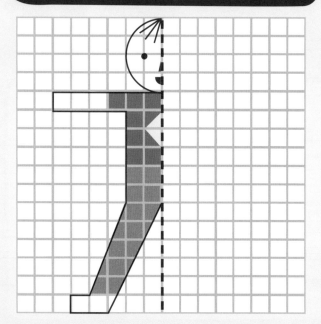

旋轉對稱

旋轉對稱的形狀不管怎麼旋轉，看起來都會一樣。

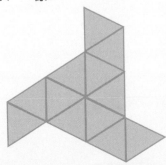

想像圖形的角落有個黑點，當圖形旋轉時，黑點也跟著旋轉，但形狀看起來還是一樣。

大部分動物，包括人類，身體的左邊和右邊是一樣的，這就是反射對稱。

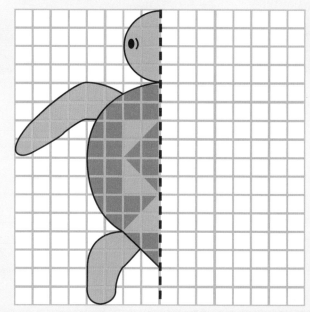

同時使用反射對稱和旋轉對稱，可以創造出一種叫做曼陀羅的圖形。 請你試著讓下面所有的方格都對稱，完成這個圖形。

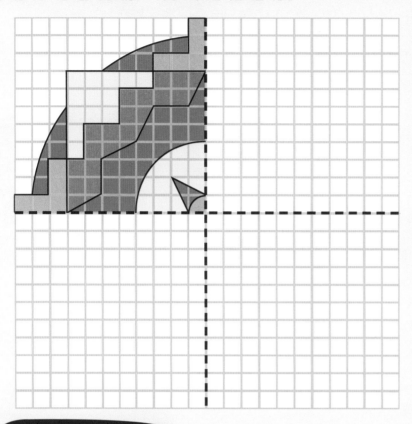

觀察下面的形狀，將它們與符合的敘述配對。

設計你自己的對稱圖形。

這張圖用到哪種對稱？

1. 反射對稱，但不是旋轉對稱。

2. 反射對稱，也是旋轉對稱。

3. 旋轉對稱，但不是反射對稱。

4. 沒有任何對稱。

無窮無盡

數學裡有個很奇妙的概念叫無限， 無限就是可以一直不斷的數下去……

無限大

在這裡寫一個你覺得最大的數字：

想像這個數字加 1， 讓它變大。 你可以再加 1， 然後再一次…… 一直持續下去。

當數學家提到無限， 就是指數字可以一直持續下去， 換句話說， 並沒有最大的數目。

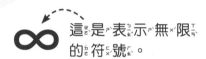 這是表示無限的符號。

用鉛筆在這裡畫畫看。

你可以不斷在紙上重複畫這個符號， 鉛筆不需要離開紙面就可以一直畫下去， 和它代表的概念一樣。

無限小

想像有隻青蛙跳起來想抓蒼蠅， 牠每次跳的距離都剛好是前一次的一半。

把青蛙每一次跳的距離畫出來。 如果青蛙一直跳， 牠有辦法抓到蒼蠅嗎？ **可以／不可以**

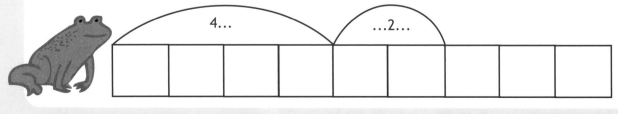

青蛙每次跳的距離都會減少一半， 每次跳的距離愈來愈小， 逐漸變成無限小。

這是古希臘哲學家芝諾提出的一種想法。

莫比烏斯環

一條普通的紙帶有兩面，但只要稍微扭轉一下，你就能把它變成特別的單面物體，稱為莫比烏斯環。

轉一圈黏起來

第一面　　　　　第二面

你會需要一條像這樣大小的紙帶。可以自己製作，或從 ys.ylib.com/activity/STEAM/MATH/ 下載，然後把樣板剪下來。

如果你自己製作紙帶，記得在紙條兩端的對角標上 A 和 B。

把紙帶轉半圈，彎成一個環，讓 A 點和 B 點碰在一起，然後把紙帶兩端黏起來。

A

莫比烏斯環完成了。

用鉛筆沿著紙帶中間畫一條線。

你可以在鉛筆不離開紙張的情況下，一筆畫完紙帶的每一面嗎？

可以／不可以

這個紙帶最早在 1858 年由德國數學家莫比烏斯和李斯廷所發現。

怎麼辦到的？

把原本兩面的紙帶扭轉半圈，會變成單面的環，因此可以一筆畫完整條紙帶。

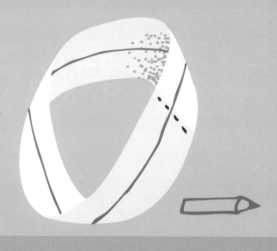

剪開紙帶

沿著你畫的線，把莫比烏斯環剪開。

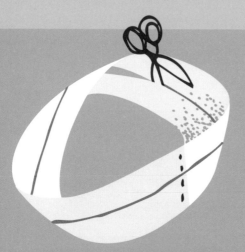

你可能以為最後會得到兩個較小的環，但事實上……

最後會出現一個大環。

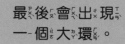

請你沿著新的大環中間畫一條線，還是可以在鉛筆不離開紙張的情況下，一筆畫完紙帶的每一面嗎？

可以／不可以

發生了什麼事？

剪開紙帶會讓單面的環變回雙面的環，所以沒辦法一筆畫完紙帶的每一面。

如果沿著剛畫的線，把新的大環再剪開，這時會發生什麼事？

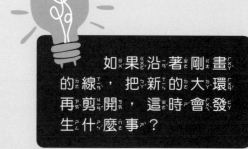

數學大突破！

看看這些數學家怎麼說，試著幫他們和下面各圖代表的發現或研究配對。

我是伊朗數學家，在形狀和曲面上有突破性的研究。我在 2014 年成為第一位獲得費爾茲獎的女性。

米爾札哈尼

我是古希臘數學家，研究出如何計算圓的面積，以及球體的表面積與體積。

阿基米德

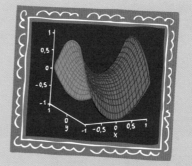

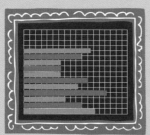

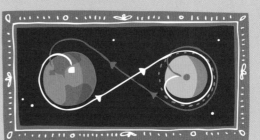

我是印度數學家，在 1400 多年前率先把 0 當做數字，並且用它來進行計算。在我的語言梵文中，它的意思是「無」。

強森

普雷費爾

我是美國數學家，參與美國太空總署第一次的載人太空飛行，並計算出前往月球的火箭軌道。

我是蘇格蘭數學家和經濟學家，發明了好幾種圖表，包括長條圖、折線圖，以及圓形圖。

婆羅摩笈多

數學階梯

依照每個數學階梯的指示，從最上面開始，一路往下，算出答案。可以用旁邊的空白來計算。

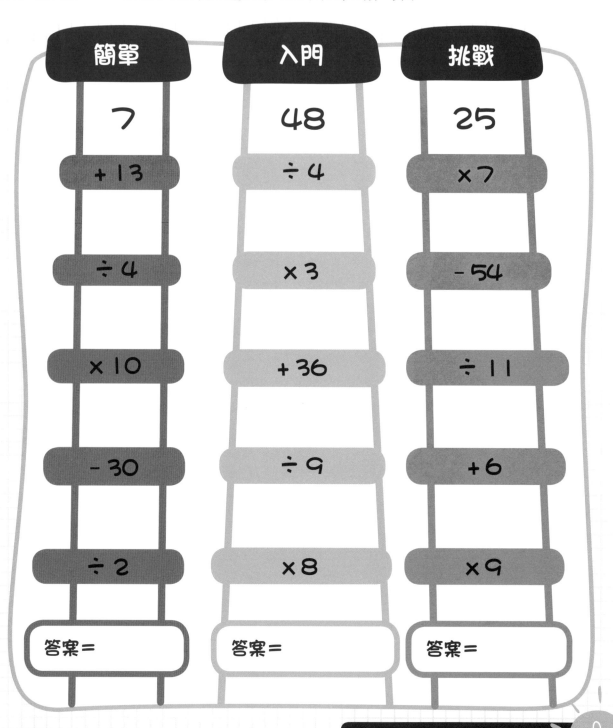

簡單	入門	挑戰
7	48	25
+13	÷4	×7
÷4	×3	-54
×10	+36	÷11
-30	÷9	+6
÷2	×8	×9
答案=	答案=	答案=

試著自己設計一個數學階梯，邀請家人和朋友來挑戰。

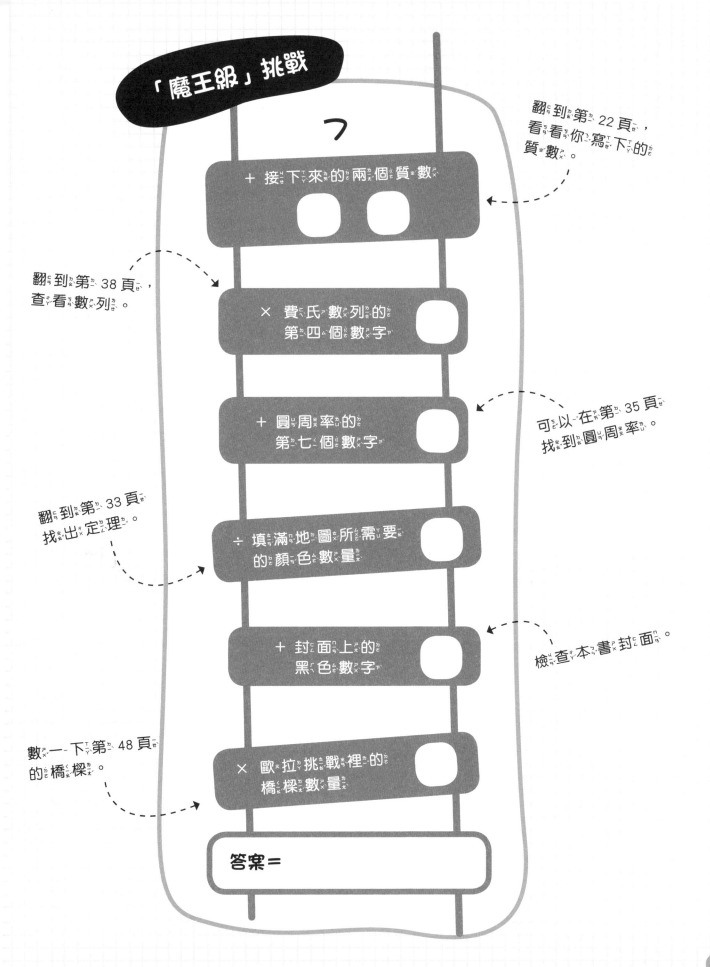

「魔王級」挑戰

＋ 接下來的兩個質數

翻到第 22 頁，看看你寫下的質數。

× 費氏數列的第四個數字

翻到第 38 頁，查看數列。

＋ 圓周率的第七個數字

可以在第 35 頁找到圓周率。

÷ 填滿地圖所需要的顏色數量

翻到第 33 頁找出定理。

＋ 封面上的黑色數字

檢查本書封面。

× 歐拉挑戰裡的橋樑數量

數一下第 48 頁的橋樑。

答案＝

腦筋急轉彎

數學家在解決問題時，必須有邏輯、條理和創意。
請你像數學家一樣思考，破解下面的謎題。

重新排排看

你可以只移動兩條線，
組出七個正方形嗎？

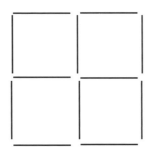

三角戲法

怎麼排列這兩個三角形，
讓它們組成一顆星星？

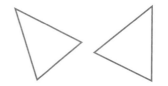

金字塔謎題

在這個金字塔中，每個方塊內的數字都是它下面兩個方塊內
數字的總和。請問藍色方格裡要填入什麼數字？

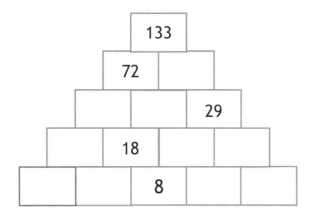

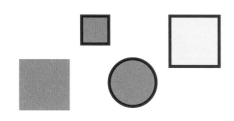

與眾不同

這些圖形各自有和其他圖形完全不同的地方，請寫出它們與眾不同的地方。

▢ -----------------------------

■ -----------------------------

⬤ -----------------------------

▢ -----------------------------

好多正方形

數數看，下面圖形中共有多少個正方形？

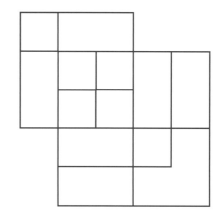

一個都不能少

請一筆畫出可以連結所有圓點的路線，而且最多只能有四條直線。

數獨

每一列、每一行和每個粗框方格裡，數字 1 到 4 只能出現一次，請試著填滿方格。

3			2
	4	1	
	3	2	
4			1

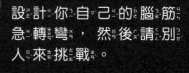

設計你自己的腦筋急轉彎，然後請別人來挑戰。

6～8 組合五連方

拼到一半的拼圖完成後，看起來像這樣。

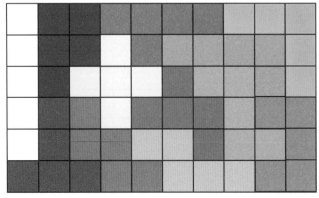

這是三角形五連方謎題的解答。

還有很多種方法可以用五連方拼出長方形，下載樣板自己試看看。 ys.ylib.com/activity/STEAM/MATH/

9 拼湊數字

每個題目都有好幾種解答，這裡說明其中兩種方法，你也可能有其他更好的方法。

簡單

方法 1

$5 \times 20 = 100$

$100 + 1 = 101$ ★

方法 2

$45 + 5 = 50$

$50 \times 2 = 100$

$100 + 1 = 101$ ★

入門

方法 1

$4 \times 6 = 24$

$2 \times 5 = 10$

$24 \times 10 = 240$

$240 + 9 = 249$ ★

方法 2

$5 \times 4 = 20$

$20 \times 12 = 240$

$240 + 9 = 249$ ★

挑戰

方法 1

$7 \times 6 = 12$

$13 \times 7 = 91$

$91 \times 4 = 95$ ★

方法 2

$7 \times 6 = 42$

$7 \times 7 = 49$

$42 + 49 = 91$

$91 + 4 = 95$ ★

10～11 小世界理論

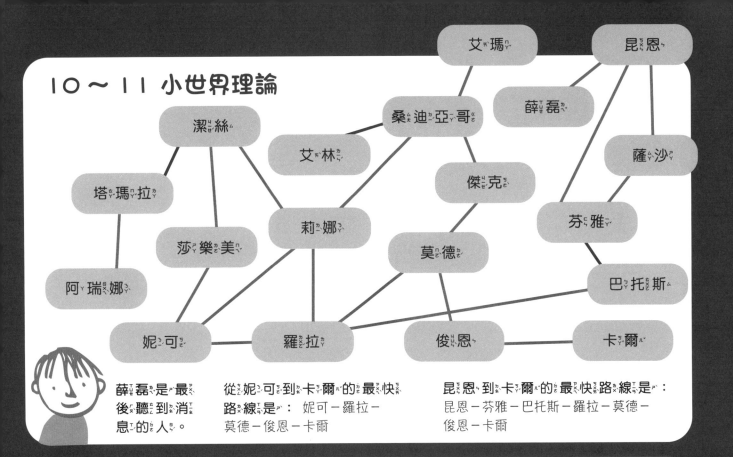

艾瑪　昆恩
潔絲　桑迪亞哥　薛磊　薩沙
艾林　傑克
塔瑪拉　莉娜　芬雅
莎樂美　莫德　巴托斯
阿瑞娜
妮可　羅拉　俊恩　卡爾

薛磊是最後聽到消息的人。

從妮可到卡爾的最快路線是：妮可－羅拉－莫德－俊恩－卡爾

昆恩到卡爾的最快路線是：昆恩－芬雅－巴托斯－羅拉－莫德－俊恩－卡爾

14～15 祕密數字

換位密碼法

2	4	6	8	10
6	10	14	18	22

5	6	7	8	9
25	36	49	64	81

代換密碼法

1	2	3	4	5
A	B	C	D	E

9	8	7	6	5
L	K	J	I	H

第一種加密方式
-2

第二種加密方式
×2，然後＋2

第三種加密方式
對應英文字母，但順序反過來。

16～17

不規則的面積

房屋面積是 21m²，比較適合蘿西。

喵

18 魔方陣

4	9	2
3	5	7
8	1	6

7	12	1	14
2	13	8	11
16	3	10	5
9	6	15	4

2	7	12	13
16	9	6	3
5	4	15	10
11	14	1	8

19 海上導航員

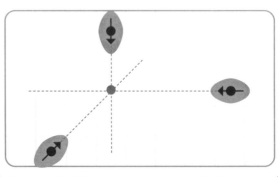

22 質數

1 到 100 之間有 25 個質數。

1	2	3	4	5	6	7	8	9	10
11	12	13	14	15	16	17	18	19	20
21	22	23	24	25	26	27	28	29	30
31	32	33	34	35	36	37	38	39	40
41	42	43	44	45	46	47	48	49	50
51	52	53	54	55	56	57	58	59	60
61	62	63	64	65	66	67	68	69	70
71	72	73	74	75	76	77	78	79	80
81	82	83	84	85	86	87	88	89	90
91	92	93	94	95	96	97	98	99	100

30 ～ 32 會自我複製的圖形

把其他兩個三角形加在這裡。

這是六邊形。每個邊的長度不一樣，因此又叫做不規則六邊形。

這是不規則四邊形。

23 平方與立方

唯一一個是平方數也是立方數的二位數是 64。

$$8^2 = 64 \qquad 4^3 = 64$$

同時是平方數也是立方數的三位數是 729。

34 ～ 35 發現圓周率

灰色圓圈

直徑 = 95 公釐（9.5 公分）
圓周 = 298 公釐（29.8 公分）
圓周 ÷ 直徑 = 3.136842 ≒ 3.14

紅色圓圈

直徑 = 71 公釐（7.1 公分）
圓周 = 223 公釐（22.3 公分）
圓周 ÷ 直徑 = 3.140845 ≒ 3.14

藍色圓圈

直徑 = 55 公釐（5.5 公分）
圓周 = 173 公釐（17.3 公分）
圓周 ÷ 直徑 = 3.1454 ≒ 3.14

36～37 最佳路線

最快的路線是黃色。

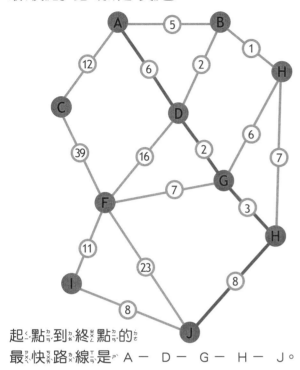

起點到終點的
最快路線是 A － D － G － H － J。

38～39 費氏數列

完成數列：0、1、1、2、3、
5、8、13、21、34、55

蘆薈有 5 條
螺線。

松果有 13 條
螺線。

44～45 從小到大

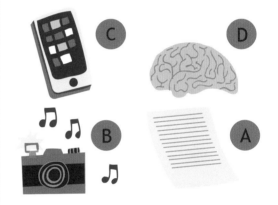

1000 位元組＝10^3 位元組
1000000 位元組＝10^6 位元組
1000000000 位元組＝10^9 位元組
1000000000000 位元組＝10^{12} 位元組

46～47 尋找規則

每一列的
總和每次
會加倍。

				1					← 1
			1		1				← 2
		1		2		1			← 4
	1		3		3		1		← 8
1		4		6		4		1	← 16

其餘各列：

1 5 10 10 5 1 ← 32
1 6 15 20 15 6 1 ← 64
1 7 21 35 35 21 7 1 ← 128
1 8 28 56 70 56 28 8 1 ← 256
1 9 36 84 126 126 84 36 9 1 ← 512

中間那一列的數字如下：

1	9	36	84	126	126	84	36	9	1
1	10	45	120	210	252	210	120	45	10	1
1	11	55	165	330	462	462	330	165	55	11	1

48～49 小鎮漫步

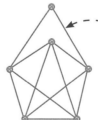

沒有節點連結
奇數個邊，可
一次走遍。

有 6 個點連結奇
數個邊，沒辦法
一次走遍。

51 完全數

12 的因數：
1、2、3、4、6、
（12）
總和：16
不是完全數

50 的因數：
1、2、5、10、
25、（50）
總和：43
不是完全數

28 的因數：
1、2、4、7、
14、（28）
總和：28
是完全數

36 的因數：
1、2、5、10、
25、（50）
總和：43
不是完全數

55 學羅馬人算數

XXVII = 27

LXI = 61

DCLV = 655

17 = XVII

23 = XXIII

86 = LXXXVI

VI + VIII = 14

I - XXV = 25

11 + 47 = LVIII

L × III = CL

88 ÷ 4 = XXII

C - LXVI = XXXIV

56～60 數學魔術師

下面是填入空格裡的數字。

6 = 4 + 2

7 = 4 + 2 + 1

12 = 8 + 4

13 = 8 + 4 + 1

15 = 8 + 4 + 2 + 1

18 = 16 + 2

21 = 16 + 4 + 1

24 = 16 + 8

28 = 16 + 8 + 4

30 = 16 + 8 + 4 + 2

61 雙倍的麻煩

1	2	4	8	16	32	64	128
256	512	1024	2048	4096	8192	16384	32768
65536	131072	262144	524288	1048576	2097152	4194304	8388608

62～63 尋找外星生物 最後的方程式應該是這樣：

20 × 0.4 × 0.5 × 0.8 × 0.625 = 2 個行星

64～65 對稱的形狀

1

2

3

4

69 數學大突破！

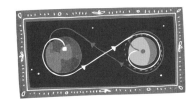

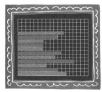

強森

阿基米德

普雷費爾

米爾札哈尼

婆羅摩笈多

70～71 數學階梯

簡單

7
+13
20
÷4
5
×10
50
-30
20
÷2

答案＝10

入門

48
÷4
12
×3
36
+36
72
÷9
8
×8

答案＝64

挑戰

25
×7
175
-54
121
÷11
11
+6
17
×9

答案＝153

「魔王級」挑戰

7
+接下來的兩個質數 11 13
31
×費氏數列的第4個數字 2
62
+圓周率的第7個數字 2
64
÷填滿地圖所需要的顏色數量 4
16
+封面上的黑色數字 5
21
×尤拉挑戰裡的橋樑數量 7

答案＝147

重新排排看

這是移動兩條線組出七個正方形的方法。

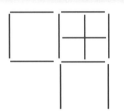

三角戲法

這樣就能排出星星！

金字塔謎題

金字塔裡的數字：

```
            133
         72     61
      40     32     29
   22     18     14     15
12     10     8      6      9
```

與眾不同

 具有最小的形狀。

 沒有粗黑的輪廓線。

 是圓形。

只有它是黃色。

好多正方形

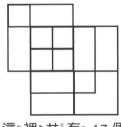

這裡共有 17 個正方形。

一個都不能少

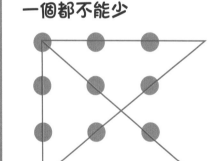

數獨

3	1	4	2
2	4	1	3
1	3	2	4
4	2	3	1

圖片來源：p.39 – Spiral aloe plant © tilt & shift / Stockimo / Alamy Stock Photo；Pine cone © Bringolo / Alamy Stock Photo.

我的 STEAM 遊戲書：數學動手讀

作者／愛麗絲・詹姆斯（Alice James）、艾迪・雷諾茲（Eddie Reynolds）、
　　　達倫・斯托巴特（Darren Stobbart）
譯者／江坤山
責任編輯／盧心潔　封面暨內頁設計／吳慧妮
出版六部總編輯／陳雅茜
發行人／王榮文
出版發行／遠流出版事業股份有限公司
地址／臺北市中山北路一段 11 號 13 樓
郵撥／0189456-1　電話／02-2571-0297　傳真／02-2571-0197
遠流博識網／www.ylib.com　電子信箱／ylib@ylib.com
ISBN 978-957-32-9079-7
2021 年 6 月 1 日初版　定價・新臺幣 450 元

MATH SCRIBBLE BOOK By Alice James, Eddie Reynolds And Darren Stobbart
Copyright: ©2019 Usborne Publishing Ltd.
Traditional Chinese edition is published by arrangement with Usborne Publishing
Ltd. through Bardon-Chinese Media Agency.
Traditional Chinese edition copyright: 2021 YUAN-LIOU PUBLISHING CO., LTD.
All rights reserved.

國家圖書館出版品預行編目（CIP）資料
我的 STEAM 遊戲書：數學動手讀／愛麗絲・詹姆斯（Alice James）等人作；
江坤山譯 . – 初版 . – 臺北市：
遠流出版事業股份有限公司, 2021.06　80 面；　公分 注音版
譯自：Math scribble book
ISBN 978-957-32-9079-7（精裝）
1. 科學實驗 2. 通俗作品　303.4　　　　　　　110005304